AF320309

Mohammed Barkett

Diversidade de espécies lenhosas e práticas de gestão no uso do solo d/f

Mohammed Barkett

Diversidade de espécies lenhosas e práticas de gestão no uso do solo d/f

ScienciaScripts

Imprint

Any brand names and product names mentioned in this book are subject to trademark, brand or patent protection and are trademarks or registered trademarks of their respective holders. The use of brand names, product names, common names, trade names, product descriptions etc. even without a particular marking in this work is in no way to be construed to mean that such names may be regarded as unrestricted in respect of trademark and brand protection legislation and could thus be used by anyone.

Cover image: www.ingimage.com

This book is a translation from the original published under ISBN 978-3-659-52748-7.

Publisher:
Sciencia Scripts
is a trademark of
Dodo Books Indian Ocean Ltd. and OmniScriptum S.R.L publishing group

120 High Road, East Finchley, London, N2 9ED, United Kingdom
Str. Armeneasca 28/1, office 1, Chisinau MD-2012, Republic of Moldova, Europe
Printed at: see last page
ISBN: 978-620-8-05333-8

Copyright © Mohammed Barkett
Copyright © 2024 Dodo Books Indian Ocean Ltd. and OmniScriptum S.R.L publishing group

Índice:

Agradecimentos

Acima de tudo, agradeço a Alá todo-poderoso pela sua dádiva e apoio imperceptíveis. De facto, muitas pessoas e organizações contribuíram para este trabalho, desde a recolha de dados no terreno até à redação final. Expresso o meu mais profundo e sentido agradecimento ao meu orientador principal, Dr. Mekuria Argaw, pela sua orientação apaixonada, encorajamento e apoio ilimitado durante o trabalho de campo e a fase de redação. Sebsebe Demissew pelo seu apoio ilimitado e amigável desde o início da ideia de investigação até à sua materialização. A sua atitude positiva tem sido a minha motivação constante. Estou também em dívida para com Ato Mohammed Abdalla pela sua ajuda ilimitada durante o início da investigação, apoio honroso e fornecimento de material de referência importante. Gostaria também de agradecer ao meu amigo Mohamed Nour, da Pastoralist Concern Association Ethiopia (PCAE), diretor do escritório de Awbare Wereda, pelo seu louvável apoio com material de referência importante.

Os meus agradecimentos especiais vão também para o Sr. Mustafa Ali, que desempenhou uma tarefa importante durante a recolha de dados no terreno. Sem a sua fiel ajuda, a recolha de dados no terreno num ambiente tão adverso não teria sido possível. Estou também muito grato ao pessoal do AWPARC por ter prestado um grande apoio logístico e cooperação durante o trabalho de campo. Foram o meu melhor apoio e fonte de encorajamento, no terreno, em áreas remotas de Awbare Wereda do Estado Regional da Somália. Estou muito grato ao Awbare Agricultural Bureau, por me ter proporcionado facilidades de transporte para os locais de investigação e pela sua calorosa e generosa hospitalidade durante a minha estadia no local de estudo. Acima de tudo, gostaria de estender os meus agradecimentos a todas as minhas famílias, à minha querida esposa Hibo Mohammed pelo seu apoio à dactilografia, aos meus pais e ao meu amigo Bashir Elmi Yey pela sua tolerância durante todo o período de estudo e redação da tese. Por último, gostaria de agradecer as contribuições dos membros da comunidade local, que foram entrevistados para este estudo, pela sua cooperação e por fornecerem informações valiosas. Por último, mas não menos importante, gostaria de expressar os meus sinceros agradecimentos, gratidão e apreço aos meus amigos Omer Mohamed, Abdi Kani e Mohammed Amin pela sua generosa assistência, apoio moral e encorajamento útil durante o meu estudo de pós-graduação, com toda a sua bondade e afeto.

DEDICAÇÃO

Dedico este estudo às comunidades que protegeram e geriram a diversidade vegetal na região da Somália e, em especial, no woreda de Awbare.

RESUMO

O estudo sobre o conhecimento local das práticas de gestão e diversidade de espécies de árvores e arbustos foi efectuado em Awbare Wereda do Estado Regional da Somália. O estudo foi realizado em oito kebeles que foram selecionadas com base na presença de duas utilizações diferentes da terra, agro-pastorícia e pastoreio. Os dados de vegetação foram recolhidos em 48 quadrats de amostragem que foram colocados em 16 transectos. Cada quadrat tinha uma dimensão de 400 m^2. Para avaliar o sistema de utilização da terra, a gestão e utilização local de árvores e arbustos, o conhecimento indígena da gestão de árvores/arbustos e as regras, normas e costumes tradicionais que regem a gestão das árvores e o acesso a recursos de propriedade comum, foram selecionadas aleatoriamente oitenta famílias das oito aldeias e foi realizado um inquérito por questionário. A análise dos dados sobre a vegetação revelou que foi encontrado um total de 80 espécies lenhosas, 44 em terras de pastores e 36 em terras de agro-pastores, distribuídas por 30 géneros e 22 famílias. Fabaceae e Burseraceae foram as espécies predominantes, compreendendo 27,5% e 20% da composição de espécies, respetivamente, enquanto Acacia e Commiphora foram os géneros predominantes, compreendendo 18,75% e 16,25% da composição de espécies, respetivamente. Entre as oitenta espécies lenhosas registadas, as árvores foram as formas de crescimento dominantes, representando cerca de 72,5% da composição total de espécies, enquanto os arbustos contribuíram com 27,5%. Os resultados mostraram a existência de valores elevados de diversidade e equidade para ambos os usos do solo. Existiu variação na diversidade e densidade da vegetação entre os usos pastoris e agropecuários da terra, com os primeiros a apresentarem valores mais elevados para ambas as variáveis. As árvores e os arbustos desempenham papéis económicos e ecológicos muito importantes na área de estudo, que incluem um apoio crítico ao sector pecuário, que é o pilar da economia da região. A extração de goma e incenso poderia desempenhar um papel significativo para a economia local, mas está a ser muito prejudicada devido à falta de infra-estruturas. O inquérito aos agregados familiares também revelou que as comunidades pastoris e agro-pastoris possuem uma riqueza de conhecimentos tradicionais sobre o seu ambiente e a sua gestão. Contudo, estão a ser impedidas de os utilizar devido ao enfraquecimento das instituições tradicionais de tomada de decisões e de controlo dos recursos e à sua substituição por estruturas de poder alternativas que não dispõem de uma base de conhecimentos suficiente sobre a área. Na última década, o aumento da população humana e do gado está a exercer demasiada pressão sobre as florestas, levando à sua degradação em algumas zonas. Relativamente à degradação da vegetação, deve haver um processo de capacitação das instituições consuetudinárias e locais que melhor utilizam os conhecimentos tradicionais na gestão dos recursos naturais. Devem também ser desenvolvidas opções políticas que melhorem a conservação e a utilização sustentável dos recursos naturais.

Palavras-chave: Diversidade vegetal, agropecuária, pastoreio, conhecimento indígena, Awbare Wereda,

Capítulo 1

1. INTRODUÇÃO

1.1. Antecedentes e justificação

A população da região da Somália depende grandemente dos recursos florestais naturais para a sua subsistência básica. A vegetação natural também sustenta a principal economia da sociedade, ou seja, o gado do qual 90% da sociedade depende (Barkhedle, 1999). As actividades baseadas na floresta complementam o rendimento substancial e as oportunidades de emprego para a sociedade. Fornecem lenha, forragem, alimentos, cobertura do solo, produtos florestais não lenhosos e modificam o microclima. Mais de 90% da população somali constrói as suas casas com madeira e produtos florestais conexos (CSA, 2009). A madeira é o principal material utilizado para fabricar mobiliário e utensílios domésticos locais, como recipientes para leite, recipientes para água, gamelas, colheres e pratos. O papel mais significativo das árvores em relação ao gado é o fornecimento de forragem. Além disso, a medicação das pessoas e do gado depende em grande medida das árvores e arbustos autóctones. Na região, a recolha e comercialização de goma natural e incenso, a recolha de lenha, o fabrico de carvão vegetal e a sua venda também contribuem para um rendimento substancial para muitos dos pobres nas zonas rurais da região. Para além destas contribuições económicas visíveis dos recursos florestais, existem outros serviços como a conservação do solo e da água, o ciclo de nutrientes, a fixação de azoto e a melhoria do microclima para as pessoas e o gado, o habitat da vida selvagem e a conservação da biodiversidade.

Apesar do grande potencial dos recursos florestais para a população da região da Somália, estes foram sujeitos a uma destruição grave na última década, devido à falta de proteção e de intervenção de investigação e desenvolvimento para a reflorestação. As actividades de investigação florestal do passado concentraram-se nas terras altas e foi dada pouca atenção às terras baixas áridas e semi-áridas do Estado Regional da Somália (Barkhedle, 1999). Por conseguinte, para atenuar este processo de degradação ambiental e de desertificação e colocar a tónica na gestão sustentada dos recursos, é necessário compreender a interação entre as pessoas e as árvores, bem como compreender melhor os aspectos socioeconómicos e culturais e as práticas de gestão local dos recursos naturais.

É necessário um estudo científico sobre as práticas tradicionais de gestão das árvores e a sua relevância para os actuais projectos de desenvolvimento e investigação, porque qualquer intervenção para melhorar a gestão das árvores ou os programas agro-florestais deve basear-se na compreensão dos sistemas tradicionais ou existentes de cultivo ou gestão das árvores, que estes programas podem complementar. A base de informação sobre as práticas locais de gestão das árvores, os tipos, a extensão, os volumes de colheita, a distribuição e as taxas de esgotamento dos recursos florestais na região da Somália é extremamente limitada. A informação sobre os padrões de utilização da terra, a distribuição das áreas de pastagem, bem como a utilização e os direitos são também muito escassos. Estas informações de base são essenciais para quaisquer planos estratégicos futuros, a fim de determinar o que pode ser feito para apoiar práticas de gestão viáveis, tradicionais e comunitárias ou para efetuar soluções alternativas. Isto é também muito importante para determinar o papel que os governos podem desempenhar para alcançar as soluções e estratégias de conservação necessárias (Ahmed e Zelealem, 2008).

A investigação e o conhecimento de tais práticas tradicionais de gestão de árvores são essenciais para qualquer intervenção agroflorestal futura na área. Os pastores e agro-pastores da região da Somália praticam uma variedade de técnicas diferentes de polinização, talhadia, corte e poda, para o corte das plantas que aplicam na vedação e alimentação do gado, em especial de árvores que têm vantagens de rebrota, como as espécies de *Acácia*. Por exemplo, os pastores e agro-pastores utilizam os ramos de espécies espinhosas de *Acácia* para cercar o seu gado, cortando ramos em vez de cortar a árvore inteira, porque conhecem a capacidade destas espécies para se regenerarem. No entanto, estas práticas quase não foram registadas e pouco se sabe, porque a investigação florestal anterior em zonas áridas e semi-áridas não foi suficientemente eficaz para responder às necessidades de gestão florestal nessas zonas. De um modo geral, as árvores e os arbustos desempenham um papel significativo na subsistência da população do Estado Regional da Somália.

Contudo, sabe-se muito pouco sobre o tipo e a densidade das árvores nas zonas e sobre a forma como são geridas pela população local. Também não é claro se existem diferenças entre as comunidades pastoris e agro-pastoris na gestão e utilização das árvores. Por conseguinte, este estudo tem por objetivo avaliar a diversidade e os sistemas de gestão local de árvores e arbustos em Awbare Wereda, na zona de Jig-jiga do SRS.

1.2. Objectivos do estudo

1.2.1. Objetivo geral

O objetivo geral deste estudo é avaliar os conhecimentos e práticas locais em matéria de gestão e conservação de árvores e arbustos, incluindo a sua utilização.

1.2.2. Objectivos específicos

1. Caracterizar os diferentes sistemas de utilização dos solos em Awbare Wereda,
2. Documentar e identificar as diferentes espécies de árvores e arbustos nas zonas pastoris e agro-pastoris,
3. Determinar a densidade, diversidade e abundância de árvores e arbustos no bosque,
4. Investigar os conhecimentos e práticas indígenas em matéria de recursos arbóreos/arbustivos

    gestão e sua utilização, e
5. Avaliar os sistemas de posse da terra e das árvores, as normas, regras e costumes tradicionais

    gestão das árvores e dos recursos dos bens comuns

Capítulo 2

2. REVISÃO DA LITERATURA

2.1. Papel das árvores e dos arbustos nas zonas de sequeiro

As terras secas são extremamente diversas em termos de formas de relevo, solo, flora, fauna, balanço hídrico e actividades humanas (Edmund, 1997). Do mesmo modo, as terras secas da Etiópia são dotadas de uma formação vegetal diversificada, coletivamente designada por formação vegetal Somali-Masai (Friis, 1992; Zerihun Woldu, 1999). Foi referido que, dos 75 milhões de hectares de terras secas na Etiópia, 25 milhões de hectares estão cobertos por bosques e matagais (EFAP, 1994). Isto implica que o maior recurso vegetal do país se encontra nas terras secas (Tefera Mengistu *et al.*, 2004). As árvores são elementos fundamentais da vida nas áreas de terra seca. Desempenham um papel vital na vida das pessoas: Alimentos e frutos, medicamentos (extraídos de folhas e cascas), muitos produtos industriais, energia, sombra, ciclo de nutrientes e reciclagem, etc. provêm das florestas. Além disso, as árvores das terras secas proporcionam um meio de subsistência a um grande número de pessoas, tanto as que vivem nas florestas tradicionais como as que encontram emprego na extração e colheita de produtos florestais comerciais, onde os arbustos constituem uma componente vital da produtividade do gado nas zonas áridas e semi-áridas, onde se encontram cerca de 52% do gado bovino, 57% das ovelhas, 65% das cabras e 100% dos camelos da África tropical (Von Kaufmann, 1986). Fornecem às cabras e aos camelos a maior parte das suas necessidades nutritivas e complementam a dieta do gado bovino e ovino com proteínas, vitaminas e minerais, em que a palha do mato é deficiente durante a estação seca. Para as pessoas, servem para todos os fins, como o fornecimento de alimentos, medicamentos e lenha.

As florestas de terras secas desempenham também um papel vital na produção agrícola. Nas terras agrícolas e nas zonas de pastagem, as árvores e os arbustos desempenham também um papel ambiental vital. Funcionam como quebra-ventos, protegendo as culturas dos danos causados pelo vento e o solo da erosão. A sua sombra ajuda a reduzir a temperatura do solo. A folhada das árvores abranda o escoamento da chuva, protegendo assim o solo e aumentando a infiltração da água, de modo a reabastecer as reservas de água subterrânea. As árvores também redistribuem nutrientes, retirando minerais essenciais do subsolo e tornando-os acessíveis, através da queda das folhas, a outras plantas. As árvores e os arbustos têm uma função social valiosa, pois proporcionam sombra a pessoas e animais em climas quentes de zonas secas e são, por vezes, um ponto focal para reuniões e actividades familiares e comunitárias (Barrow *et al.*, 2007).

Uma das conclusões que emerge fortemente dos elementos acima mencionados é a importância das florestas e bosques existentes como fonte de grande parte do que as pessoas rurais procuram nas árvores e florestas. Os alimentos florestais e os produtos recolhidos para transformação e venda provêm predominantemente destas fontes, tal como grande parte da lenha. Estes produtos provenientes de recursos de propriedade comum existentes são também frequentemente uma componente importante do sistema agrícola global - preenchendo lacunas cruciais nos fluxos de recursos e de rendimento de outros recursos e fornecendo factores de produção complementares frequentemente críticos para o funcionamento contínuo do sistema agrícola e familiar.

2.2. Uso da terra em comunidades pastoris e agro-pastoris

O uso tradicional da terra numa área pastoril é dominado por grandes rebanhos de gado, nos quais os pastores têm que se deslocar através de grandes territórios comunais em busca de pasto e água. Os agro-pastores também se deslocam com o seu gado em algumas partes do ano, mas também praticam agricultura sedentária para além da produção de gado. A medida em que as pessoas das áreas pastoris e agro-pastoris cultivam e gerem as árvores varia e depende em grande parte das caraterísticas da ecologia local, dos padrões de utilização das terras agrícolas, das tradições culturais e da procura local de madeira e produtos de madeira, dos direitos de posse e das pressões económicas (FAO, 1985).

Contudo, como tem sido amplamente documentado, a pressão crescente sobre as terras agrícolas, e sobre os recursos arbóreos no uso da terra em áreas pastoris e agro-pastoris, pode ser tal que resulte na eliminação de árvores em vez da sua retenção ou estabelecimento. Entre estas pressões destacam-se a competição com as culturas pela luz, água e nutrientes; novas técnicas agrícolas, por exemplo, tractores; práticas mais amplas de uso da terra, tais como queimadas ou pastoreio livre; mudanças no controlo da terra, tais como a privatização ou nacionalização; legislação ou posse consuetudinária;

redução do ciclo rotativo até ao ponto em que as árvores desejáveis já não são capazes de se restabelecer (Bene *et al.*, 1977). A maior parte das intervenções a favor da plantação de árvores nas explorações agrícolas nas zonas pastoris e agro-pastoris são concebidas para facilitar esta transferência através da remoção ou redução de tais impedimentos. Contudo, nem todas as mudanças no uso da terra, nas práticas agrícolas e na utilização de recursos requerem a presença contínua de árvores. A irrigação de terras secas, por exemplo, é suscetível de reduzir a necessidade de animais secos e, por conseguinte, de forragem, e também é suscetível de criar fontes novas e mais produtivas desta última. O cultivo de árvores também não é uma opção disponível para os agricultores em áreas pastoris e agro-pastoris em todos os ambientes ecológicos (Chambers, 1984). Por exemplo, as áreas pastoris e agro-pastoris áridas e semi-áridas de África são ecologicamente inadequadas para a intensificação agrícola, embora se pratiquem formas de culturas intercalares em hortas caseiras nas partes mais húmidas do continente. Da mesma forma, o agricultor deseja avaliar a oportunidade apresentada pela adição ou intensificação do cultivo de árvores em termos da gama de opções económicas disponíveis para o agregado familiar da exploração agrícola, tanto dentro como fora da exploração. A legislação, a posse e a prática consuetudinária acrescentam dimensões adicionais ao quadro de decisão. Em África, nas zonas pastoris e agro-pastoris, o sistema de uso da terra ainda é regido predominantemente por sistemas de linhagem corporativa, muitas vezes complexos, envolvendo terras comuns que não se prestam a generalizações úteis (Fortmann, 1984).

2.3. Regras, normas e costumes tradicionais que regem a gestão de árvores e arbustos e o acesso a recursos de propriedade comum

Folclores e provérbios, tabus sobre certas espécies, uso do solo ou ferramentas reflectem a perceção histórica do ecossistema local. Algumas destas práticas de gestão são deliberadamente planeadas e executadas, a fim de manipular os recursos arbóreos (naturais) de uma forma específica (gestão ativa). Outras são mais ou menos os resultados não planeados das actividades humanas de uma forma não orientada (gestão passiva). A comunidade internacional de conservação reconhece a ligação entre a cultura, a biodiversidade e os meios de subsistência e foram tomadas medidas para abordar as questões do acesso e da partilha de benefícios, especialmente para as populações indígenas. Há muitos lugares onde as árvores são cultivadas e protegidas pela sua sombra e beleza; por vezes são tratadas como sagradas (Barrow *et al.*, 2007).

Por conseguinte, as atitudes decorrentes das crenças religiosas, culturas, ética e hábitos tradicionais também desempenham um papel muito importante na criação de reservas naturais e na proteção do ambiente. A fim de estabelecer uma ponte entre a escala dos hotspots de biodiversidade e os habitats culturais locais, bem como entre as epistemologias das percepções estatais e locais da conservação, é necessário reconsiderar os métodos de gestão tradicionais. Nas últimas décadas, foram implementados muitos projectos de conceção ocidental. A maior parte destes projectos falhou devido à falta de conhecimento das caraterísticas socioeconómicas e culturais das populações locais, da gestão das árvores e arbustos e do acesso aos recursos de propriedade comum. Em vez disso, o planeamento do projeto deve basear-se na incorporação de crenças religiosas, culturas e ética tradicionais.

2.4. Conhecimento indígena na gestão de recursos de árvores e arbustos

Os conhecimentos indígenas para a gestão dos recursos arbóreos e arbustivos são dinâmicos por natureza. Desenvolveu-se em resposta a situações particulares, reflectindo uma variedade de factores culturais, sociais, económicos, políticos, ecológicos e demográficos (Douglas, 1981). Nos casos em que sobreviveram com sucesso, foram frequentemente capazes de acomodar a introdução de novas culturas agrícolas, o crescimento das populações, a expansão e contração das oportunidades de mercado para determinadas culturas e outros factores. Em muitas zonas, os homens e as mulheres rurais há muito que se dedicam à conservação e ao cultivo de árvores nas terras agrícolas e nas zonas florestais. Até recentemente, tem havido uma tendência para ignorar estas actividades indígenas. Os esforços de silvicultura centraram-se principalmente na gestão das árvores para proteção ambiental ou para a produção industrial de madeira. A mudança de ênfase para a silvicultura em parceria com as populações rurais constitui, por conseguinte, um desvio significativo em relação às percepções, políticas e práticas anteriores. Para definir uma atividade de gestão sustentável de árvores, organizada tanto a nível comunitário como privado, no contexto do cultivo espontâneo de árvores a nível local, é necessário rever uma série de estratégias indígenas de gestão e conservação de árvores (Weber e Hoskins, 1983).

Muitas das abordagens tradicionais de gestão de árvores e arbustos foram desenvolvidas durante longos períodos de tempo. A medida em que as pessoas cultivam e gerem as árvores e os arbustos varia nas zonas não industriais do mundo. Depende em grande parte das caraterísticas da ecologia local, dos padrões de utilização agrícola das terras, das tradições culturais e da procura local de madeira e produtos de madeira, dos direitos de posse e das pressões económicas (Wilken, 1978). No entanto, o facto de as populações rurais terem conseguido, no passado, gerir eficazmente os seus recursos arbóreos não significa necessariamente que o possam continuar a fazer. As crescentes pressões económicas, demográficas e sociais contribuíram para o colapso das práticas tradicionais de gestão de árvores em muitas áreas. Algumas comunidades protegeram durante muito tempo árvores específicas porque estas constituíam um ponto focal para a comunidade, ocasionalmente devido ao seu significado religioso (Wiersum, 1984).

No Nepal, algumas comunidades desenvolveram sistemas formais de gestão durante séculos. Estes sistemas definiram os direitos de utilizadores específicos a produtos valiosos de árvores e arbustos que crescem em terras comuns. Os sistemas eram tanto uma resposta às exigências de distribuição como à escassez crescente. À medida que alguns dos sistemas mais antigos se foram degradando, os recentes aumentos visíveis da taxa de destruição florestal levaram algumas comunidades a estabelecer novos sistemas (Campbell e Bhattarai, 1983). Outros grupos de pessoas com interesses comuns nos recursos arbóreos e arbustivos também reagiram à ameaça de escassez crescente. Nos planaltos da Guatemala, os marceneiros profissionais têm sido uma força particularmente forte na promoção de esforços de conservação de árvores (Agarwal & Anand, 1982).

O povo Karen da Tailândia tem por hábito tentar conter os incêndios nas parcelas Swidden (Kunstadter *et al.*, 1982). Entre determinados grupos tribais do Quénia, os colectores de mel são obrigados a evitar incêndios quando fumam as abelhas (Leakey, 1977); e em algumas zonas da Índia, o corte de uma árvore pode ser considerado pouco ético, especialmente se der origem a produtos úteis para a comunidade. Entre os índios Bora da Amazónia peruana, reconhece-se que o seu sistema de cultivo itinerante deve ser gerido de forma a reduzir a erosão do solo e a favorecer determinadas árvores na vegetação secundária (Deneven *et al.*, 1984). Para além dos esforços activos de conservação das árvores, algumas estratégias locais de gestão da terra têm feito corresponder conscientemente a procura da terra à sua capacidade de carga. Nestas áreas, reconhece-se claramente que o sobrepastoreio resulta em degradação ambiental; o tamanho e os padrões de pastoreio da área dos rebanhos de gado são, portanto, mantidos dentro de limites ambientalmente aceitáveis.Outras estratégias para o conhecimento indígena na gestão de recursos arbóreos envolveram a proteção e o cultivo de plântulas que germinam naturalmente. Os cultivadores podem deixar certas plântulas de árvores desejáveis quando mondam e até construir barreiras à volta delas como proteção contra o gado que pasta. Em partes do sul do México, os agricultores toleram e protegem as árvores leguminosas indígenas, como a *Prosopis juliflora*, que fornece vagens comestíveis, sombra e aumenta a fertilidade do solo (Wilken, 1978).

Os cultivadores no Sul da Nigéria reconhecem a superioridade de certas espécies na restauração da fertilidade do solo em parcelas em pousio e encorajam-nas a dominar o mato (Amare Getahun *et al.*, 1982). Uma estratégia de gestão que surgiu recentemente foi a de restringir o acesso das pessoas a árvores que anteriormente lhes estavam disponíveis. Esta abordagem está normalmente associada a mudanças nos sistemas de posse de terra e pode ser uma resposta ao agravamento da escassez de madeira. Na região central do Quénia, a recolha de madeira ou de outros produtos de árvores que crescem em terras privadas tem exigido cada vez mais a autorização do proprietário, embora até recentemente as árvores e os seus produtos fossem bens livres (Brokensha e Riley, 1978). Em muitas partes do mundo foram registadas várias técnicas diferentes de polinização, talhadia e poda, por exemplo no Bangladesh, Burkina Faso, Filipinas e Rajasthan, Índia (Douglas, 1981).

Foi relatado que nas terras altas do Quénia é comum o polimento de *Grevillea* que cresce em terrenos agrícolas. O tronco continuará a alargar-se e o caule aumentará em altura, a menos que tal seja deliberadamente impedido através de uma poda no topo. Quando o agricultor decide que a árvore é suficientemente grande ou que precisa de dinheiro, o tronco é cortado e vendido para obter madeira (Poulsen, 1983). O que todas estas técnicas têm em comum é o facto de permitirem uma produção sustentada de madeira ou forragem durante um longo período de tempo. A contribuição total ao longo da vida de uma árvore que é utilizada desta forma pode ser consideravelmente maior do que o volume que produzirá se for simplesmente deixada crescer e depois abatida. O facto de as técnicas de talhadia e polinização serem amplamente utilizadas pelos agricultores tem sido frequentemente ignorado. Nalgumas áreas, no entanto, é evidente que a sua utilização permite que uma proporção esmagadora da lenha ou da madeira necessária para as famílias seja obtida numa base sustentável a partir de árvores que crescem em terras agrícolas. Este facto tem implicações importantes para a conceção de programas destinados a manter um maior fornecimento de lenha.

Na Etiópia, a degradação ambiental e a desflorestação ocorrem há centenas de anos. As florestas em todo o país diminuíram dos 35% originais para uns estimados 2,4% em 1992 (Sayer *et al.*, 1992). A taxa anual de desflorestação é estimada em 150 000 a 200 000 ha (EFAP, 1994). O baixo nível de vida da população, associado à falta de alternativas, são os factores fundamentais responsáveis pelo declínio das áreas florestais da Etiópia. Tal deve-se à procura crescente de culturas e pastagens e de madeira para combustível e construção (Taye Bekele *et al.*, 1999). O desaparecimento destas florestas é uma perspetiva desastrosa por, pelo menos, três razões importantes: são centros de uma rica diversidade biológica e de um elevado endemismo, desempenham um papel muito importante na subsistência dos pecuaristas e agro-pecuaristas e, por conseguinte, na regulação do aquecimento global (Taye Bekele *et al.*, 1999).

Capítulo 3

3. MATERIAIS E MÉTODOS
3.1. Descrição da área de estudo
3.1.1. Localização

Awbare Wereda é uma das 53 weredas do Estado Regional da Somália e uma das seis weredas da zona de Jig-jiga. Situa-se a cerca de 74 km da capital regional (Jig-jiga), a apenas 5 km da fronteira internacional e a 709 km da capital, Adis Abeba. A Wereda está situada no canto nordeste da região, fazendo fronteira com o norte da Somália e partilha as suas fronteiras com a zona de Shinile a noroeste, a zona de Jig-jiga a sul, a zona de Kebribeyah da zona de Jig-jiga a sudeste e o norte da Somália a nordeste, leste e sudeste (ERA, 2003) (Figura 1). A Wereda tem 66 kebeles, das quais 7 são urbanas e 59 são rurais, e a área total da Wereda é de 3.862 km^2 (SRPO, 2006). Tem uma população de 339.056 habitantes (CSA, 2007).

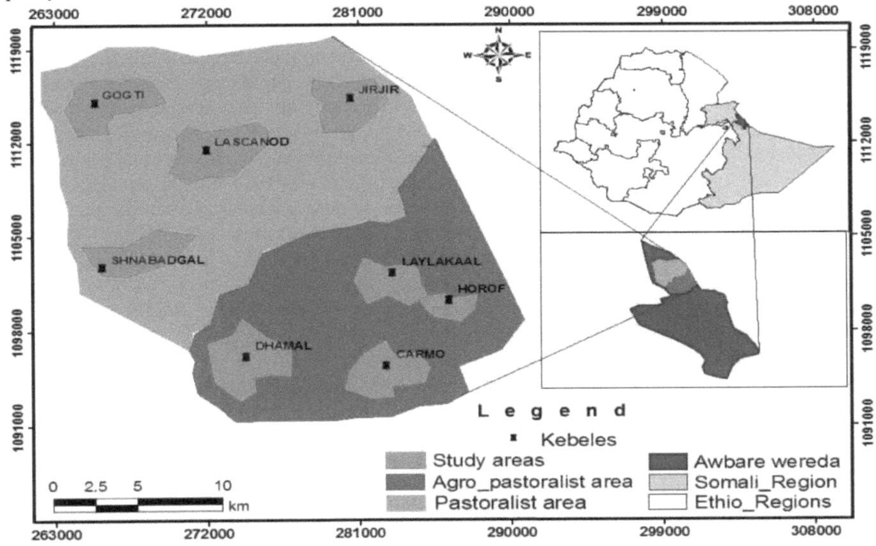

Figura 1: Mapa da zona de estudo

2.4.1. Clima

A Wereda é caracterizada por um clima árido e semi-árido, clima quente e baixa humidade relativa. O clima dominante da zona agro-climática da área é caracterizado por ser Kolla com a temperatura média anual de 25^0 C para Belg e 20^0 C para Kiremt. A precipitação é escassa e irregular, com uma precipitação média anual (MAR) de 400-900 mm e o local é caracterizado por um regime de precipitação trimodal, Keremt (xagaa), Belg (Gu) e Meher (Deyr) (Ahmed BM e Zellalem M, 2008).

2.4.2. Topografia

A configuração topográfica da área diminui à medida que se vai de Oeste para Norte, e a sua elevação varia entre 1200 e 2117 m.a.s.l. Exceptuando a parte oriental, que se torna acidentada à medida que se afasta da planície de Shinile Wereda, e os declives médios caracterizam a parte a jusante. Em geral, é caracterizada por uma topografia extensa, plana a ligeiramente inclinada (ERA, 2003).

2.4.3. Solo

Os solos da Wereda diferem consoante as diferenças de microclima, morfologia da terra, cobertura vegetal e elevação. Os solos arenosos predominam na zona pastoril, enquanto os solos calcários e argilosos são comuns nas planícies aluviais das margens dos rios, que têm um melhor potencial de produção agrícola (Ahmed BM e Zellalem M, 2008).

2.4.4. Vegetação

O tipo e a densidade da vegetação natural na Wereda têm uma grande associação com o uso da terra e as actividades humanas. Por essa razão, a vegetação natural existente no uso agro-pastoril da terra é a floresta ripícola, existente perto do vale do rio Harawa e que tem sido sujeita a uma severa destruição humana, para fins de produção de culturas, bem como para recolha de lenha e material de construção. Nalgumas zonas perto do vale do rio, ainda restam algumas manchas de vegetação natural de bosque. Nalguns pontos da área, que não foram destruídos, restam bosques e matas ribeirinhas com vegetação sempre-verde e vegetação ribeirinha comum, enquanto que nos locais mais degradados predominam as espécies pioneiras. Esta zona é dominada pelas seguintes espécies vegetais: *Salvadora persica,*
Acacia seyal, Lawsonia inermis, Cordia ovalis, Hyphaene benadirensis, Terminalia brevipes, e *Thespesia danis* (Friis, 1992).

Na utilização das terras pelos pastores, a vegetação natural consiste em vários grupos de arbustos e arbustos sem espinhos e com espinhos, *Acacia* nativa, *Commiphora, Boswellia* e outras espécies de árvores e arbustos, típicos dos climas áridos e semi-áridos que são a principal fonte de alimentação do gado. Uma parte das zonas pastoris contém vegetação natural com elevada diversidade de espécies, sem qualquer destruição por parte do homem ou dos seus animais. Isto deve-se à sua localização em zonas remotas, onde apenas os animais domésticos, como os camelos e as cabras, conseguem chegar. Para pastar nestas terras, os animais têm de andar cerca de 30-40 km. Por conseguinte, esta terra só pode ser utilizada para o pastoreio extensivo de camelos e cabras na estação das chuvas e não pode ser utilizada para qualquer outro fim durante a estação seca. Devido à falta de água, o gado dificilmente consegue sobreviver nesta unidade de terra durante qualquer estação do ano. Não há possibilidade de produção de culturas, mas é recolhida uma quantidade considerável de goma e incenso para venda comercial. Esta vegetação muito saudável é a fase clímax e dominada por espécies de *Acacia*. As espécies vegetais especificamente encontradas são: *Acacia bussei, Acacia mellifera, Acacia ogadensis, Acacia reficiens, Commiphora foliacea, Commiphora samharensis, Barleriae erranthemoides* e *Carphalea glaucescenes* (Friis, 1992).

2.4.5. Caraterísticas socioeconómicas da zona de estudo

Os serviços socioeconómicos deficientes e a baixa cobertura de infra-estruturas caracterizam a Wereda em estudo, incluindo as duras caraterísticas agro-climáticas. Existem 244 escolas, das quais 202 são escolas básicas alternativas, 38 são escolas primárias e 4 são escolas secundárias. Existem 42 instalações de saúde, das quais 6 são centros de saúde e 37 são postos de saúde. Os furos ao longo das margens dos vales dos rios sazonais, as bombas manuais e os poços profundos perfurados são fontes de água importantes na Wereda. As infra-estruturas na Wereda são extremamente pobres, exceto a estrada Awbare Town-Gogti-Laylakaal-Carmo, que foi inicialmente construída pelo regime Derg e recentemente reparada pela Autoridade Rodoviária Etíope (ERA, 2003). A dimensão média das terras por agregado familiar nos agro-pastoris é de 12,77 hectares (Coppock, 1993). A produção de culturas na área dos pastores é de pequena escala e depende da disponibilidade de precipitação suficiente, durante a qual eles limpam a floresta comunal e cultivam apenas nessa estação. Por conseguinte, a dimensão das terras de cultivo por agregado familiar é muito pequena. A dimensão média da família de 6,42 e 7,58 nos pastores e agro-pastores, respetivamente, é consideravelmente maior do que a média nacional que é de 5 (Ministério da Saúde, 1999). Este facto está de acordo com o estudo de Heluf *et al.* (2000), que foi realizado na zona de Jig-jiga da mesma região

2.4.6. Posse da terra e tipos de utilização da terra

O tipo de utilização da terra em Awbare Wereda pode ser geralmente categorizado em pastagens e terras agrícolas. A fonte básica de rendimento e de subsistência dos pastores nas pastagens é a criação de gado e a maior parte da terra é utilizada para pastagem. No entanto, existem práticas agrícolas de pequena escala nas pastagens, sempre que há boa chuva. Na zona ribeirinha, a propriedade da terra é importante e há pouca terra que não seja propriedade ou que esteja desocupada, exceto nas secções que não são adequadas para cultivo ou irrigação. Tradicionalmente, em toda a comunidade pastoril e agro-pastoril da Wereda, a terra pertence a um grupo ou família que está ligada por descendência ou afiliação cultural e o pastoreio é uma propriedade comum que pertence igualmente a todos os membros do grupo de pastores, enquanto a terra agrícola pertence a indivíduos.

2.4.7. Sistema de exploração agrícola

A criação de gado e a produção de culturas são os sistemas agrícolas mais dominantes na Wereda. Geralmente, os meios de subsistência das pessoas estão agrupados em dois sistemas de produção principais, que são: pastores puros e agro-pastores. Uma vez que a área é rica no seu potencial hídrico e no vale do rio *Harawa*, que tem um elevado potencial para fins de irrigação, os agro-pastores que residem ao longo do vale do rio têm a sorte de cultivar colheitas, principalmente milho, e levar uma vida melhor do que os que vivem longe do vale do rio. Em anos maus, a cultura do milho é cortada cedo para servir de forragem, mas num ano normal tem um rendimento mais elevado, em que o rendimento médio por hectare é estimado em 30 quintais (3.000 kg). Na área puramente pastoril, o sistema de produção é a produção extensiva de gado, goma, lenha e recolha de material de construção.

3.2. Métodos de recolha de dados

Foram utilizados dois métodos de recolha de dados: inquérito através de entrevistas e inventário da vegetação. Os dados foram recolhidos a partir de fontes primárias e secundárias. As fontes primárias envolveram entrevistas aos agregados familiares e o inventário da vegetação. Os pormenores da recolha de dados para ambos são descritos abaixo.

3.2.1. Inquérito de reconhecimento

Envolveu a observação geral e a avaliação da área de estudo. Durante esta fase, foram também efectuadas entrevistas informais com a comunidade pastoril e agro-pastoril e com peritos dos gabinetes de Agricultura e Desenvolvimento Rural de Awbare Wereda e do Instituto de Investigação Pastoral e Agro-Pastoril da Região da Somália, a fim de obter informações sobre o padrão geral de vegetação da área de estudo e sobre a disponibilidade do equipamento necessário. A partir destas actividades, foram obtidos dados sobre o sistema de utilização da terra, o tipo de cultivo, as estações do ano e as disposições materiais.

3.2.2. Inquérito aos agregados familiares

O inquérito aos agregados familiares envolveu várias técnicas de recolha de dados, como um questionário semi-estruturado, discussões informais, discussões em grupos de discussão e observações, para recolher dados como a posse de árvores, tipos de utilização da terra, práticas locais de gestão de árvores, utilização de árvores, conhecimentos indígenas e regras tradicionais, normas e costumes que regem a gestão de árvores e o acesso a recursos de propriedade comum. Para o efeito, foi utilizado um inquérito por questionário semi-estruturado para gerar os dados primários. Foi selecionado um total de oito aldeias, quatro de pastores e quatro de agro-pastores. Dessas aldeias selecionadas, foi utilizado um total de 80 agregados familiares, 40 de pastores e 40 de agro-pastores, incluindo dez informadores-chave, cinco de pastores e cinco de agro-pastores. As discussões com os funcionários regionais e os anciãos locais também serviram como fonte de informação. As entrevistas foram efectuadas na língua local (somali).

3.2.3. Inventário da vegetação

Em cada kebele selecionado, um total de duas linhas de transecto foram estendidas ao longo de uma linha de grelha fixa num procedimento de amostragem sistemática, a 500 metros de distância uma da outra. Ao longo de cada linha de transecto, foram colocadas três quadrículas com uma dimensão de 20 m x 20 m (400 m^2), a intervalos de 300 metros

distância. Em cada quadrado de amostragem, foram registados os seguintes parâmetros: O tipo e o número de árvores/arbustos por parcela foram documentados utilizando nomes locais. A altura das árvores foi medida com varas calibradas. O diâmetro das árvores e dos arbustos foi medido à altura do peito (dbh) com dendrómetros. Para os arbustos com vários caules, o dbh dos caules dominantes

foi medido e o dbh médio foi calculado como,
$$d = \sqrt{d1^2 + d2^2 + \ldots dn^2},$$
seguindo o formulário de Stewart

e Salazar (1992). A identificação das plantas foi maioritariamente feita ao nível do campo e, para as que não eram identificáveis ao nível do campo, foram recolhidos espécimes para posterior identificação no Herbário de Jig-jiga e no Herbário da AAU.

3.3. Análise de dados

Os dados sobre a vegetação recolhidos nas 48 parcelas de amostragem, estabelecidas nos oito Kebeles, foram organizados e analisados para calcular a diversidade, a densidade, a abundância, a frequência, a dominância e a riqueza da vegetação, utilizando diferentes técnicas. Seguem-se os pormenores destes métodos e os passos utilizados para analisar esses parâmetros.

Diversidade de espécies

A diversidade das espécies pode ser utilizada como uma estimativa da saúde de um ecossistema, em termos de composição e abundância de espécies. Esta diversidade envolve duas componentes distintas, a riqueza e a regularidade das espécies. A riqueza de espécies é uma medida do número de espécies diferentes presentes num ecossistema, enquanto a regularidade das espécies mede a abundância relativa das várias populações presentes num ecossistema (Kent e Coker, 1994). Para calcular a diversidade da vegetação, foi utilizado o índice de diversidade de **Shannon-Wiener**. O índice de diversidade de Shannon (H') é normalmente utilizado para caraterizar a diversidade de espécies numa comunidade. O índice de diversidade de Shannon tem em conta tanto a abundância como a regularidade das espécies presentes. A proporção de espécies (i) em relação ao número total de espécies (pi) foi calculada e depois multiplicada pelo logaritmo natural desta proporção ($lnpi$). O produto resultante foi

$$H' = -\sum_{i=1}^{s} pi \ln pi$$

somados para todas as espécies e multiplicados por -1. Diversidade Onde: H'= a Índice de Diversidade de Shannon, S = número de espécies, Pi = proporção de indivíduos ou abundância da^i espécie expressa em proporção do total, Pi = ni/N, ni = número de indivíduos da espécie "i" N = número total de indivíduos de todas as espécies, Ln =log basen (Kent e Coker, 1994).

Riqueza de espécies

A riqueza de espécies é definida como o número de espécies por quadrado, área ou comunidade. Neste caso, o número de indivíduos de espécies arbóreas/arbustivas encontrados em todos os quadrats amostrados foi utilizado como representação da riqueza de espécies.

Equilíbrio

A uniformidade é a quantificação da representação única de uma determinada espécie em relação a uma comunidade hipotética em que todas as espécies são igualmente comuns, de modo que quando todas as espécies têm a mesma abundância na comunidade, foram calculadas (Kent e Coker, 1994).

$$E_{II} = \frac{-\sum_{i=1}^{s} pi \ln pi}{\ln S}$$

Equilíbrio Onde: Pi= proporção de S constituída pela espécie i[th] , Ln =log basen, S= número total de espécies na comunidade. A equitabilidade assume um valor entre zero e um, sendo um a semelhança completa.

Densidade

A densidade é o número total de caules de uma espécie ha^{-1} (Gingrich, 1967). Reflecte o grau de aglomeração de caules dentro da área. Neste caso, a densidade do povoamento foi calculada através da soma de todos os caules em todos os quadrantes da amostra e traduzida para a base do hectare para todas as espécies encontradas nos quadrantes do estudo, (Abeje *et al.*, 2005). Densidade/ha, N = $\bar{n}/a$,

$\bar{n}$ estimado por $\bar{n} = \sum ni/n$, Onde: N = número de árvores/arbustos/ha, n = número médio de árvores/arbustos nas parcelas, a = área da parcela de amostragem em hectare, ni = número de árvores/arbustos individuais, n = número de parcelas.

Frequência

A frequência é definida como a presença ou ausência de uma determinada espécie em quadrículas de amostragem (Lamprecht, 1989). Foram calculados dois conjuntos de frequências: a frequência absoluta, que é o número de quadrículas em que a espécie foi registada, e a frequência relativa de uma espécie, calculada como a razão entre a frequência absoluta da espécie e a soma total da frequência de todas as espécies (Tadesse Woldemarium, 2003). A frequência relativa de uma espécie foi calculada através da razão entre a frequência absoluta da espécie e o número total de parcelas de estudo, que é igual à frequência máxima.

Frequência absoluta $= \sum ni$ Onde: ni= número de quadrículas em que a espécie foi registada.

Frequência relativa $= \dfrac{\underline{\text{Frequency of species A}} \ *100}{\text{Frequency of all species}}$

Domínio

Refere-se ao grau de cobertura de uma espécie como expressão do espaço que ocupou numa determinada área. Normalmente, a dominância é expressa em termos de área basal da espécie (Kent e Coker, 1992), e neste caso foram calculados dois conjuntos de dominância: a dominância absoluta, que significa a soma das áreas basais dos indivíduos em m² /ha, e a dominância relativa, que é a percentagem da área basal total de uma dada espécie sobre o total das áreas basais do caule medidas de todas as espécies. Utilizando a fórmula de fluxo

$$= \dfrac{\sum\limits_{n}\sum\limits_{m} gij}{\sum\limits_{n} a}$$

Área basal (BA), G = $\sum\limits_{n} a$ Onde: G = é a área basal média m² /ha, gij = área basal área de cada árvore medida no ith quadrat, mi= número total de árvores no ithe quadrat 1.. in. n = número de quadrats, 1.. .i.. ..n a = área de cada quadrat de amostragem,

ha. *Área basal (BA)* = $\pi d^2/4$, onde = área basal em m ;² π =3.14 ; D =diâmetro na base

altura. *Dominância relativa* $= \dfrac{\underline{\text{Dominance of species A}} \ *100}{\text{Dominance of all species}}$

Estrutura populacional da vegetação

A estrutura da população é definida como a distribuição dos indivíduos de cada espécie em classes aleatórias de tamanho de diâmetro e altura e fornece informações sobre a estrutura da população de uma espécie de árvore. Indica a história da perturbação passada dessa espécie e do ambiente e, por conseguinte, é utilizada para prever a tendência futura da população dessa espécie em particular e tem sido utilizada há muito tempo por silvicultores e ecologistas para investigar as caraterísticas de regeneração das árvores tropicais (Peters, 1996). Para determinar a estrutura populacional da vegetação na área de estudo, todos os indivíduos das espécies encontradas nas quadrículas foram arbitrariamente agrupados em dez classes de diâmetro e quatro classes de altura; 1=0<10 cm, 2=10<20, 3=20<30 cm, 4=30<40 cm, 5=40<50 cm, 6=50<60 cm, 7=60<70 cm, 8=70<80 cm, 9=80<90 cm, 10=90<100 cm e 4

Classes de altura, 1=0<2 cm, 2=2<4 cm, 3=4<6 cm, 4=6<8 cm. Utilizando histogramas de frequência das distribuições de classes de diâmetro e de altura, as formas gerais destes histogramas de frequência foram comparadas visualmente, em três das distribuições de classes de tamanho mais comuns exibidas pelas populações de árvores tropicais. Estas são o Tipo I, o Tipo II e o Tipo III

Análise dos dados dos inquéritos aos agregados familiares

O conteúdo das entrevistas aos inquiridos do agregado familiar foi resumido utilizando estatísticas descritivas, por exemplo, as respostas comuns a cada pergunta foram expressas como uma percentagem do número total de respostas. A informação qualitativa obtida através da entrevista, da discussão em grupo e da observação no terreno foi resumida através de tabelas. Foram utilizados os pacotes estatísticos SPSS 15 e Microsoft Excel para apresentar os dados analisados em gráficos.

Capítulo 4

4. RESULTADOS E DISCUSSÃO

4.1. Composição e diversidade das espécies

Encontrou-se um total de 80 espécies lenhosas, 44 em terras de pastores e 36 em terras de agro-pastores, distribuídas em 30 géneros e famílias (Tabela 1). Isto está em harmonia com as conclusões de Adefires Worku (2006) que encontrou um total de 64 espécies lenhosas distribuídas em 31 géneros e famílias no seu estudo em Borana. Por outro lado, um estudo efectuado nas terras secas do norte da Etiópia (Kindeya G/Hiwot, 2003), relatou uma riqueza bastante baixa de 13 espécies, o que pode estar relacionado com uma exploração prolongada e intensiva das espécies lenhosas. Em geral, pode afirmar-se que a vegetação lenhosa em Awbare Wereda é geralmente rica em espécies, em comparação com algumas das outras agroecologias semelhantes no país. Entre as famílias, *Fabaceae* foi considerada a família mais diversificada, com 22 espécies e constituindo 27,5% do total. *Burseraceae* foi a segunda família mais diversa representada com 16 espécies e constituindo 20% da composição de espécies das áreas de estudo. *Capparidaceae* e *Euphorbiaceae* foram a terceira e quarta famílias mais diversas representadas com 6 e 4 espécies cada, constituindo 7,5% e 5% da composição de espécies, respetivamente. Entre os géneros registados, o género *Acacia* foi considerado o mais diversificado, representado por 15 espécies e contribuindo com 18,75% da composição de espécies. O segundo género mais diversificado foi o *Commiphora*, representado por 13 espécies e contribuindo para 16,25% da composição de espécies. *Boswellia* foi o terceiro género mais diversificado, representado por quatro espécies e contribuindo para 5% da composição de espécies.

Adenium Anisotes, Boscia, Cassia, Cordia, Calotropis, Delonix, Ipomoea, Salvodora, Ziziphus Dichrostachys e *Solanum* foram os doze géneros diversos, representados com duas espécies cada e contribuindo com 30% da composição de espécies. Enquanto os restantes doze géneros estão representados com uma espécie cada e contribuem com 15% da composição de espécies. Entre as 80 espécies lenhosas registadas, as árvores foram as formas de crescimento dominantes, representando cerca de 72,5% da composição total de espécies, enquanto os arbustos contribuíram apenas com 27,5% da composição total.

Quadro 1: Famílias, géneros e espécies de plantas lenhosas encontradas nas terras utilizadas pelos pastores e agro-pastores

Categorias	Número total		
	Agro-pastoris	Pastoralistas	Total
Número de famílias	9	13	**22**
Número de géneros	14	16	**30**
Número de espécies	36	44	**80**

4.2. Diversidade da Vegetação nos Diferentes Sistemas de Uso do Solo

Com base na diversidade da vegetação, utilizando o índice de diversidade de Shannon-Weiner e a uniformidade de Shannon, o resultado confirmou a existência de uma elevada diversidade e uniformidade em ambos os usos da terra, comparando a diversidade dos dois usos da terra (Quadro 2), a diversidade no uso da terra pastoril foi superior à do uso da terra agro-pastoril. A diversidade média foi de H'= 3,0 e H'= 2,47 no uso pastoril da terra e no uso agro-pastoril da terra, respetivamente. O valor médio de equidade (*EH'*) foi de 0,55 para cada uma das duas utilizações da terra. A vegetação no sítio de Gogti teve a maior diversidade e regularidade de espécies, entre as utilizações pastoris da terra, com H'=3,27 e *EH* = 0,58, enquanto Sh/Nabadgalyo tem a menor diversidade e regularidade de espécies, com H'=2,74 e *EH* = 0,51. Por outro lado, Horof tem a maior diversidade e regularidade de espécies, com H'=2,75 e *EH* = 0,83, ao mesmo tempo que Carmo tem a menor diversidade e regularidade de espécies, com H'=2,07 e *EH* = 0,40.

Quadro 2: Riqueza de espécies, diversidade de Shannon (H") e índice de equidade (EH) da vegetação lenhosa nos usos pastoris e agro-pastoris da terra

Não	Parâmetros de diversidade	Locais de estudo							
		Agro-pastoris				Pastoralistas			
		Kebeles							
		Laylakaal	Dhamal	Carmo	Horof	Lascanod	Jirjir	Gogti	Sh/Nab-Galyo 27
1	Riqueza de espécies	19	13	11	22	27	22	29	
2	Equilíbrio (*EH'*)	0.51	0.46	0.4	0.83	0.56	0.53	0.58	0.51
3	Diversidade (H')	2.55	2.51	2.07	2.75	3.06	2.93	3.27	2.74

No caso da riqueza de espécies, o uso da terra por pastores tinha um número médio de espécies relativamente mais elevado do que o uso da terra por agro-pastores, com 26,25 e 16,25 espécies de riqueza no uso da terra por pastores e agro-pastores, respetivamente. Num estudo semelhante realizado nas florestas de Borana (Adefires Worku, 2006), foram registados valores mais ou menos semelhantes de riqueza de espécies (S) = 32, Índice de Shannon (H') = 3 e Equitabilidade (E) = 0,825. O resultado mostrou a existência de uma elevada diversidade de espécies lenhosas em ambos os usos do solo, para além de que a vegetação de ambos os usos do solo se encontrava mais ou menos dentro dos intervalos normais de diversidade. De acordo com Kent e Coker (1994), o índice de diversidade de Shannon situa-se normalmente entre 1,5 e 3,5, e esta representação em povoamentos naturais indica provavelmente menos perturbações e uma regeneração saudável da vegetação.

Além disso, o uso pastoril da terra não só tem maior diversidade de espécies, mas os indivíduos estão distribuídos de forma mais equitativa entre estas espécies, do que os indivíduos no uso agro-pastoril da terra. Por exemplo, a espécie mais comum representa apenas cerca de 8% do total de espécies individuais, enquanto que na utilização agro-pastorilista da terra as espécies individuais estão distribuídas de forma não equitativa, porque 23% (Quadro 4) dos indivíduos pertencem apenas a duas espécies de *Acacia horrida* e *Prosopis juliflora* e isto pode dever-se aos diferentes níveis de perturbação nas duas utilizações da terra. Ainda assim, a diversidade de árvores e arbustos em ambos os usos do solo está dentro dos intervalos normais de diversidade e tal representação num povoamento natural pode indicar menos perturbação e uma regeneração saudável das vegetações, porque os índices de diversidade e regularidade fornecem mais informações do que simplesmente o número de espécies presentes.

Tabela 3: Parâmetros de vegetação de todas as espécies lenhosas encontradas no uso pastoril da terra

Não	Nome científico	Nome local	Família	D/T	G m$/T^2$	RG%	AF	RF%
1)	*Acácia-bussei*	Qudhac	Fabáceas	68	11.27	17.34	6	3.24
2)	*Acácia (Acacia mellifera)*	Bilcil	Fabáceas	10	0.45	0.7	5	2.7
3)	*Acácia reficiens*	Qansax	Fabáceas	65	5.41	8.32	5	2.7
4)	*Acácia hórrida*	Sarmaan	Fabáceas	13	0.38	0.58	3	1.62
5)	*Acácia do Senegal*	Cadaad	Fabáceas	25	2.22	3.42	6	3.24
6)	*Acácia-silvestre*	Farayar	Fabáceas	20	0.16	0.25	6	3.24
7)	*Acácia zanzibarica*	Jiiq	Fabáceas	28	0.03	0.04	5	2.7
8)	*Adenium obesum*	Obow	Apocináceas	3	2.35	3.61	1	0.54
9)	*Albizia anthelmintica*	Raydab	Fabáceas	3	0.15	0.23	1	0.54
10)	*Anisotes trisulcus*	Mirdhis	Acantáceas	67	0.3	0.46	6	3.24
11)	*Boswellia microphlla*	Madaxmadaal	Burseraceae	19	0.03	0.04	6	3.24
12)	*Boscia minimifolia*	Maygaag	Capparidaceae	15	0.14	0.22	4	2.16
13)	*Boswellia rivae*	Muqle	Burseraceae	23	0.55	0.85	6	3.24
14)	*Boswellia neglecta*	Midhafur	Burseraceae	82	4.39	6.75	6	3.24
15)	*Calotropis procera*	Booc	Asclepiadáceas	15	0.44	0.67	5	2.7
16)	*Senna alexandrina*	Salamac	Fabáceas	14	0.78	1.21	3	1.62
17)	*Commiphora africana*	Dabacun-cun	Burseraceae	41	13.58	20.89	6	3.24

18)	*Commiphora corrugata*	Ganda	Burseraceae	30	0.3	0.46	6	3.24
19)	*Commiphora hodai*	Hadi	Burseraceae	15	9.02	13.88	4	2.16
20)	*Commiphora kataf*	Xagar	Burseraceae	27	0.05	0.07	6	3.24
21)	*Commiphora myrrha*	Malmal	Burseraceae	55	1.13	1.74	6	3.24
22)	*Commiphora rostrata*	Eynaad	Burseraceae	7	0.92	1.41	4	2.16
23)	*Commiphora samharensis*	Horgoy	Burseraceae	4	0.09	0.14	3	1.62
24)	*Commiphora sp.*	Qarari	Burseraceae	4	0.23	0.36	1	0.54
25)	*Cordia sinensis*	Madheedh	Boraginacceae	52	0.46	0.7	6	3.24
26)	*Delonix bacal*	Bakal	Fabáceas	14	0.39	0.6	4	2.16
27)	*Dichrostachys kirkii*	Dhigdaar	Fabáceas	18	0.43	0.67	6	3.24
28)	*Dobera glabra*	Garas	Salvadoraceae	5	0.26	0.4	1	0.54
29)	*Euphorbia cuneata*	Dhiraandhir	Euphorbiaceae	38	0.01	0.02	6	3.24
30)	*Euphorbia erlangeri*	Qaranqarbo	Euphorbiaceae	40	1.33	2.04	6	3.24
31)	*Euphorbia robecchii*	Dharkayn	Euphorbiaceae	7	0.15	0.23	2	1.08
32)	*Ficus salicifolia*	Gonbir	Moráceas	5	0.11	0.16	1	0.54
33)	*Gnidia somaliensis*	Xarmaale	Thymelaeaceae	9	0.78	1.2	5	2.7
34)	*Grewia penicillata*	Hobhob	Tiliaceae	7	0.01	0.01	1	0.54
35)	*Grewia tembensis*	Meio termo	Tiliaceae	9	0.24	0.38	2	1.08
36)	*Grewia tenax*	Dhafaruur	Tiliaceae	30	1.72	2.65	5	2.7

37)	*Ipomoea donaldsonii*	Biriboole	Convolvuláceas	11	1.01	1.56	2	1.08
38)	*Maerua angolensis*	Qalaanqal	Capparidaceae	16	2.56	3.94	5	2.7
39)	*Maerua sessiliflora*	Jiic	Capparidaceae	46	0.22	0.33	6	3.24
40)	*Salvodora persica*	Caday	Salvadoráceas	7	0.05	0.08	1	0.54
41)	*Sericocomopsis pallida*	Balanbaal-cad	Amaranthaceae	20	0.1	0.15	3	1.62
42)	*Solanum incanum*	Ducur	Solonáceas	11	0.05	0.07	4	2.16
43)	*Terminalia polycarpa*	Hareeri	Combretáceas	5	0.32	0.49	3	1.62
44)	*Ziziphus hamur*	Xamar-gob	Rhamnaceae	34	0.37	0.57	6	3.24
Total					65.0			

D/Total → Densidade G → Dominância Absoiute (Área basal média) RG → Dominância Rebitive
AF → Frequência Absoiute RF → Frequência Reiative

Tabela 4: Parâmetros de vegetação de todas as espécies lenhosas encontradas no uso agro-pastoril da terra

Não	Nome científico	Nome local	Família	Dt	$G\ m/T^2$	RG%	AF	RF%
1.	*Acácia-bussei*	Qudhac	Fabáceas	18	1.63	9.47	4	3.85
2.	*Acácia edgeworthii*	Gumar	Fabáceas	36	1.45	8.42	6	5.77
3.	*Acácia horrida*	Sarmaan	Fabáceas	78	3.41	19.77	6	5.77
4.	*Acácia (Acacia mellifera)*	Bilcil	Fabáceas	4	0.03	0.18	1	0.96
5.	*Acácia reficiens*	Qansax	Fabáceas	47	0.01	0.08	5	4.81
6.	*Acácia do Senegal*	Cadaad	Fabáceas	2	0.01	0.04	1	0.96

7.	*Acácia tortilis*	Galool	Fabáceas	1	0.05	0.27	1	0.96
8.	*Acácia zanzibarica*	Jiiq	Fabáceas	66	1.77	10.24	4	3.85
9.	*Adenium obesum*	Obow	Apocináceas	5	0.10	0.59	3	2.88
10.	*Anisotes trisulcus*	Mirdhis	Acantáceas	28	0.98	5.67	4	3.85
11.	*Balanites aegyptiaca*	Kulan	Balanitaceae	15	0.26	1.48	4	3.85
12.	*Boscia minimifolia*	Maygaag	Capparidaceae	1	0.05	0.26	1	0.96
13.	*Boswellia neglecta*	Midhafur	Burseraceae	3	0.03	0.17	3	2.88
14.	*Calotropis procera*	Booc	Asclepaidaceae	3	0.00	0.01	1	0.96
15.	*Senna alexandrina*	Salamac	Fabáceas	1	0.11	0.66	1	0.96
16.	*Commiphora corrugata*	Gandad	Burseraceae	1	0.02	0.12	1	0.96
17.	*Commiphora gowlello*	Gowlile	Burseraceae	3	0.01	0.07	1	0.96
18.	*Commiphora kua*	Kadi	Burseraceae	2	0.19	1.09	1	0.96
19.	*Commiphora boiviniana*	Arxagoog	Burseraceae	2	0.03	0.15	1	0.96
20.	*Commiphora myrrha*	Malmal	Burseraceae	22	0.13	0.75	4	3.85
21.	*Cordia sinensis*	Madheedh	Boraginacceae	38	0.08	0.47	5	4.81
22.	*Crotalária laxa*	Xarmale	Fabáceas	4	0.20	1.15	1	0.96

				D/T	G	AF	RF
23.	*Euphorbia erlangeri*	Qaran- qarbo	Euphorbiaceae	26	0.08	0.46	2	1.92
24.	*Gardenia fiorii*	Madaxmadaal	Rubiáceas	7	0.02	0.14	2	1.92
25.	*Hermania penniculata*	Balanbaal	Sterculiaceae	2	0.00	0.02	1	0.96
26.	*Hibiscus micranthus*	Kabgal	Malvaceae	15	0.30	1.73	4	3.85
27.	*Ipomoea donaldsonii*	Biribole	Convolvuláceas	8	0.18	1.05	2	1.92
28.	*Lawsonia inermis*	Cillaan	Lyrthaceae	14	0.08	0.45	2	1.92
29.	*Maerua angolensis*	Qalaan-qal	Capparidaceae	84	4.50	26.05	6	5.77
30.	*Maerua sessiliflora*	Jiic	Capparidaceae	1	0.01	0.07	1	0.96
31.	*Prosopis juliflora*	Cali-garoob	Fabáceas	81	0.02	0.09	6	5.77
32.	*Pupalia lappacea*	Dhigdhig	Amaranthaceae	10	1.19	6.88	2	1.92
33.	*Rhingozum somalense*	Binini-cas	Bignoniaceae	6	0.01	0.03	1	0.96
34.	*Salvodora persica*	Caday	Salvadoráceas	30	0.08	0.47	6	5.77
35.	*Solanum incanum*	Ducur	Solonáceas	27	0.05	0.30	5	4.81
36.	*Ziziphus hamur*	Xamar-gob	Rhamnaceae	31	0.21	1.20	5	4.81
Total					17.3			

D/T → Densidade total G → Dominância absoluta (área basal média)

RG → Dominância Rebitiva AF → Frequência Absoluta RF → Frequência Relativa

4.3. Densidade, Dominância e Frequência da Vegetação

Densidade

A densidade total expressa como o número de caules de todas as espécies lenhosas foi de 1037 e 722 caules ha $^{-1}$ no uso pastoril da terra e no uso agro-pastoril da terra, respetivamente (Tabelas 3 & 4). Estes valores são de longe superiores aos resultados de Ahmed Bashir (2003) que registou uma densidade total média de 373 caules ha^{-1} no seu estudo de vegetação de Harshin Wereda na Zona de Jig-jiga. O estudo revelou a existência de variação na densidade ha^{-1} dos dois usos da terra, com o uso pastoril da terra a ter uma densidade relativamente mais elevada. Quando comparamos a densidade de cada espécie, verificou-se que poucas espécies de árvores e arbustos eram predominantes nas áreas de estudo. Por exemplo, *Boswellia neglecta, Acacia bussei, Anisotes trisulcus, Acacia reficiens, Commiphora myrrha* e *Cordia sinensis* foram os indivíduos mais abundantes (caules ha^{-1}), contribuindo com 38% da densidade total no uso pastoril da terra, enquanto *Albizia anthelmintica, Commiphora* sp. e *Commiphora samharensis* foram os indivíduos menos abundantes. Por outro lado, *Maerua angolensis, Prosopis juliflora, Acacia horrida, Acacia zanzibarrica* e *Acacia reficiens* foram as mais abundantes no uso agro-pastoril da terra, contribuindo com 48% da densidade total ha^{-1}, mas *Acacia tortilis* foi a menos abundante no uso agro-pastoril da terra. Barkhadle *et al.* (1994), no seu estudo sobre a pastorícia e a cobertura vegetal no sul da Somália, também indicaram a existência de uma correlação entre a atividade humana e a degradação da vegetação nos ambientes áridos e semi-áridos, onde o número de espécies e a densidade da vegetação diminuem com o aumento da atividade de pastoreio.

Domínio

O resultado das análises de dominância, calculado a partir da área basal, também mostra a existência de variação na área basal ha^{-1} dos dois usos da terra, onde o uso pastoril da terra tem uma área basal ha^{-1} relativamente mais alta do que no uso agro-pastoril da terra, com uma área basal total ha^{-1} de 65 m^2 e 17,3 m^2 no uso pastoril da terra e no uso agro-pastoril da terra, respetivamente (Tabela 3 & 4). Nas florestas de Borana, Adefires Worku (2006) obteve uma área basal média ha^{-1} de 43 m^2 ha^{-1} que é inferior ao uso pastoril da terra, mas superior ao uso agro-pastoril da terra encontrado neste estudo. Os dados revelaram que *Commiphora africana, Acacia bussei, Commiphora hodai, Acacia reficiens* e *Boswellia neglecta* foram as cinco principais espécies dominantes no uso pastoril da terra, representando 67% da área basal total ha^{-1} de todas as espécies (Quadro 3). Pelo contrário, *Grewia penicillata, Euphorbia cuneata, Acacia zanzibarica, Baswellia microphlla* e *Commiphora kataf*, foram consideradas as cinco espécies menos dominantes em termos da sua área basal h^{-1}, entre as espécies estudadas. Na utilização agro-pastoril da terra, *Maerua angolensis, Acacia horrida, Acacia zanzibarrica, Acacia bussei, Acacia edgeworthii* e *Pupalia lappacea*, foram as cinco espécies dominantes de topo em termos da sua área basal, representando 74% da área basal total ha^{-1} de todas as espécies. Esta conclusão difere do estudo efectuado em Harshin Wereda (Ahmed Bashir, 2003), que referiu a ausência ou escassez de *Acacia bussei* em todas as aldeias estudadas.

Por outro lado, a *Acacia senegal*, a *Maerua sessiliflora*, a *Calotropis procera*, a *Hermannia paniculata* e a *Commiphora gowlello* foram consideradas as cinco espécies menos dominantes em termos da sua área basal, entre as espécies agro-pastoris de uso da terra. A baixa dominância destas espécies pode ser o resultado de um corte seletivo ou de uma regeneração natural dificultada e, por isso, devem ser objeto de uma atenção especial. Entre as espécies, *Albizia anthelmintica, Boswellia microphyla, Boswellia neglecta, Commiphora africana, Commiphora samharensis, Commiphora rostrata, Delonix bacal, Terminalia polycarpa* e *Dobera glabra* não foram encontradas em nenhum local de estudo em terras de uso agro-pastoril, enquanto as espécies de *Rhingozum somalense, Commiphora boivinia, Prosopis juliflora, Salvodora persica* e *Lowsonia inermis* também não foram encontradas em nenhum dos quadrats de estudo em terras de uso pastoril.

As espécies existentes no uso pastoral da terra, mas não no uso agro-pastoril da terra, podem dever-se a diferenças de adaptação e também à sobre-exploração. As espécies presentes no uso agro-pastoril da terra, e não no uso pastoril da terra, são espécies invasoras ou introduzidas. Isto está de acordo com as conclusões de Ahmed Bashir (2003), que registou um decréscimo na composição de diferentes espécies de *Acacia*, tais como *A. etabica, A. seyal* e *A. nilotica,* em Harshin Wereda, na zona de Jig-jiga, e onde as espécies menos valiosas dominaram a área. As espécies comuns e mais frequentes foram em grande parte expostas a um abate intensivo e ao sobrepastoreio. Pratt e Payne (1977) indicaram também que o pastoreio intensivo prolongado e a destruição humana contribuem para o desaparecimento de espécies palatáveis e o subsequente domínio de outras plantas herbáceas e arbustos menos palatáveis.

Frequência

As análises de frequência (Tabelas 3 & 4) revelaram que a maioria das espécies estudadas estava mais ou menos bem distribuída nos quadrantes do estudo. Isto está de acordo com um estudo semelhante nas florestas de Borana (Adefires Worku, 2006) que relatou a representação justa da maioria das espécies na área de estudo. Por exemplo, no uso pastoril da terra, *Ziziphus hamur, Acacia senegal, Euphorbia cuneata, Cordia sinensis* e *Commiphora africana* foram as espécies mais frequentes, uma vez que mostraram uma ampla gama de distribuição nas florestas (Tabela 3). Entretanto, as espécies como *Salvodora persica, Adenium obesum, Dobera glabra, Albizia anthelmintica* e *Ficus salicifolia,* foram as espécies menos frequentes no uso pastoril da terra. Na utilização agro-pastoril da terra, espécies como *Maerua angolensis, Acacia horrida, Acacia zanzibarrica, Acacia bussei* e *Acacia edgeworthii* estavam em bom estado de distribuição e tinham uma boa representação nos quadrantes, mas espécies como *Commiphora gowlello, Acacia senegal, Maerua sessiliflora, Calotropis procera* e *Hermannia paniculata* foram as espécies menos frequentes (Quadro 4). Esta menor frequência destas espécies em ambas as utilizações do solo pode indicar que estas espécies podem ter um habitat restrito ou que a sua população pode ter sido afetada pela intervenção humana.

4.4. Distribuição de tamanho (estrutura, diâmetro e distribuição de altura)

Os resultados da distribuição das espécies lenhosas por classes de diâmetro e altura mostraram a maior abundância nas classes de diâmetro mais baixas de árvores pequenas, com uma redução gradual e quase constante em número de uma classe de tamanho para a seguinte, com uma distribuição enviesada em forma de J invertido (Figuras 2 e 3). Uma tendência semelhante foi também registada nas zonas semi-áridas do norte da Etiópia (Kindeya G/Hiwot, 2003). Isto indica um bom estado de regeneração e uma população estável da vegetação em Awbare Wereda, com boas oportunidades para uma gestão adequada. Por outro lado, a existência de um maior número de árvores pequenas do que de árvores grandes pode selecionar o corte de árvores individuais de grande porte. De acordo com Kumlachew Yeshitila e Taye Bekele (2004), a presença de indivíduos de pequeno porte em abundância num determinado bosque será vista como o inverso para substituir os indivíduos cortados, de grande porte e velhos ou, tal tipo de distribuição pode também dever-se à existência de um grande número de pequenos arbustos, que dominam a copa inferior do bosque.

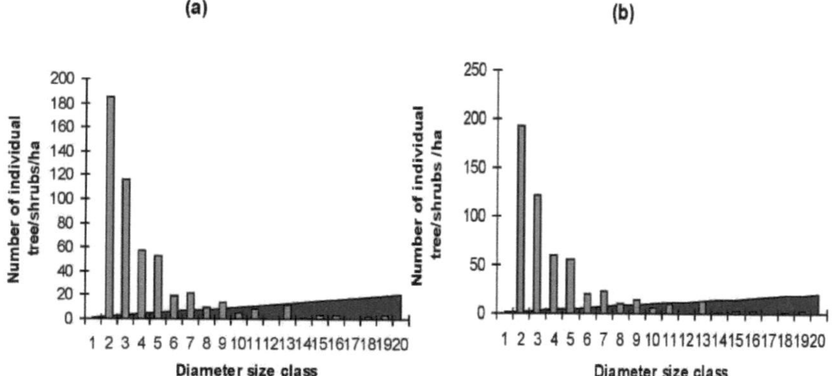

Figura 2: Distribuição de classes de tamanho de diâmetro de toda a vegetação em pastores (a) e agro-pastores (b)

Legenda: Classe de diâmetro em cm: 1= 0<10cm; 2=10<20; 3=20<30cm; 4=30<40cm; 5=40<50cm; 6=50<60cm; 7=60<70cm; 8=70<80cm; 9=80<90cm; 10=90<100cm; ,11=100<200cm; ....20= >200cm.

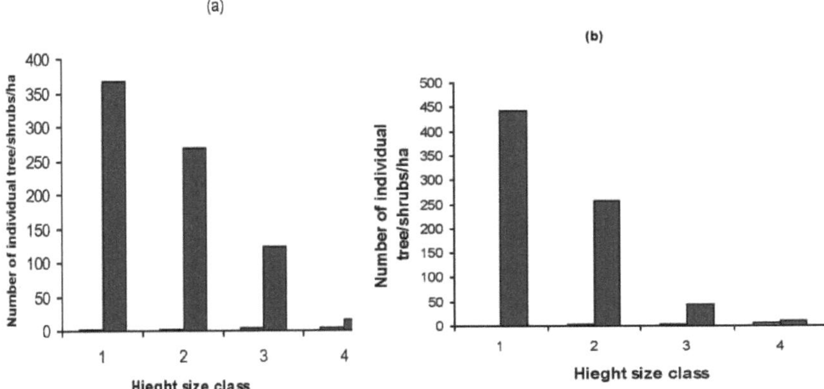

Figura 3: Distribuição de classes de altura de toda a vegetação em pecuaristas (a) e agro-pecuaristas (b). (Classe de altura m. Classe 1 = 0 < 2m; Classe 2 = 2 < 4m, classe 3 =4 <6m; Classe 4 = 6 <8m

4.5. Sistemas de posse de terra e acesso a recursos de propriedade comum e sua gestão

A posse da terra é uma relação social entre indivíduos e grupos ou tribos que consiste numa série de direitos e deveres no que respeita à utilização da terra. As questões relativas à posse da terra estão a tornar-se cada vez mais importantes em todo o mundo. Problemas como a elevada pressão demográfica, o aumento da degradação dos recursos, a escassez de alimentos, etc., chamaram a atenção do público para a questão da terra (Wold Bank, 1992). Por conseguinte, a posse da terra tem uma importância fundamental para a gestão e utilização eficientes dos recursos em todo o lado. Tradicionalmente, em toda a sociedade pastoril da Região da Somália, incluindo os pastores da área de estudo, a terra pertence à comunidade ou é detida sob um sistema de acesso controlado que é comunal na forma de um grupo ou família que está ligada por descendência ou afiliação cultural. Como mostra a Tabela 5, 88,6% dos pastores inquiridos responderam que o sistema de posse de terra é comunitário, enquanto 77,1% dos agro-pastores inquiridos concordaram e responderam que o sistema de posse de terra é comunitário e pertence à comunidade. No entanto, a posse comunal da terra está relacionada com o sistema de posse em que a tribo, o clã ou um grupo tem acesso à terra, em que a terra não é propriedade, mas é mantida em confiança para as gerações futuras.

Por outro lado, o pastoreio e a utilização da vegetação natural para construção, recolha de lenha ou qualquer outra utilização são uma propriedade comum que pertence igualmente a todos os membros do grupo, conforme respondem 82,9% e 54,3% dos inquiridos pastores e agro-pecuaristas, respetivamente, na mesma tabela. Os grupos de pastoreio são as unidades familiares de pastoreio, que são membros dos sub-clãs e constituintes dos clãs. Embora as áreas de pastagem dos clãs possam ser designadas a partir do uso comum, as fronteiras dessas zonas de pastagem nunca são rigorosas e sobrepõem-se a grupos vizinhos em várias estações ou durante anos diferentes.

Esta sobreposição aumenta em épocas de seca, uma vez que os membros de um clã podem passar para o território de outro clã quando os seus próprios recursos de pastagem e de água se tornam escassos. Os clãs não são impedidos de utilizar os recursos de pastagem de outros clãs.

Quadro 5: Sistema de posse de terra, acesso a recursos de propriedade comum e sua relação e gestão

Q,variáveis	Resposta

	Pastoralista		Agro-pastorícia	
Opção	*F*	%	*F*	%
Sistemas de propriedade de terras				
Comunitário	31	88.6	27	77.1
Privatização	4	11.4	8	22.9
Acesso aos bens comuns				
Pertencer igualmente	29	82.9	19	54.3
Não pertencer igualmente	6	17.1	16	45.7
Acordos de pastores e agro-pecuaristas				
r/relacionamento entre clã, sub-clã, linhagem e famílias	26	74.3	25	71.4
Sem base étnica	9	25.7	10	28.6
cercamento de terras comunais como privatização				
Em frente	35	100	33	94.3
Não oposto	-	-	2	5.7

f= frequência

Pastores de diferentes cantos da região da Somália, como Shinile, e outros da Somalilândia costumavam vir à área de estudo em busca de água e pasto. Os membros da comunidade observaram repetidamente estes fenómenos de partilha de recursos durante períodos desfavoráveis. Por isso, não recusam aqueles que vêm utilizar a sua área de pastagem, e podem eles próprios fazer o mesmo quando precisam. Se um pastor de um clã vizinho for autorizado a utilizar os recursos de pastagem durante muito tempo, a pessoa torna-se aliada do clã, em vez de a terra ser retirada do território do clã.

Entretanto, como os inquiridos disseram, as sociedades agro-pecuárias na área de estudo são mais ou menos as mesmas que os pastores, onde a terra pertence a um grupo ou família que está ligada por descendência ou relação cultural. A área de pastagem é uma propriedade comum que pertence igualmente a todos os membros do grupo de pastores e a utilização da vegetação natural para construção e recolha de lenha é uma propriedade comum que pertence igualmente a todos os membros do grupo. Porém, conforme mostrado na (Tabela 5), 22,9% dos agropecuaristas entrevistados responderam que as terras agrícolas no uso de terras pelos agropecuaristas pertencem a indivíduos que são membros do clã ou subclãs. Os agro-pecuaristas, tanto em terras de sequeiro como em terras irrigadas, permitem que os pecuaristas tenham acesso à forragem disponível e aos recursos hídricos ao redor de suas terras agrícolas. Isto baseou-se principalmente na troca de relações e nas ligações étnicas e históricas entre os agro-pastores e os pastores, o que permitiu que tais acordos fossem mutuamente benéficos. Os agro-pastores da área enfatizaram que proibir o acesso do gado às áreas irrigadas, e até mesmo multar os proprietários de gado para evitar danos ao canal, seria injusto se não houvesse áreas alternativas de pastagem e de água reservadas para o gado. Em geral, como mostra a Tabela 5, 74,3% dos pecuaristas e 71,4% dos agro-pecuaristas entrevistados disseram que os acordos que concedem aos pecuaristas acesso às terras agrícolas dos agro-pecuaristas serviram para construir relações entre clãs, sub-clãs, linhagens e famílias que poderiam ser ativadas para benefício mútuo em épocas menos favoráveis, tais como seca, fome e conflito. O momento certo é importante para acordos eficazes de posse que envolvem a partilha de terra e recursos hídricos entre pecuaristas e agro-pecuaristas.

Os pecuaristas na área de estudo, na sua maioria, tentaram evitar que o seu gado entrasse nas terras agrícolas dos agro-pecuaristas e pisoteasse as suas culturas. Para os agro-pastores, o pastoreio depende em grande parte da forragem da estação seca ao alcance dos pontos de água da estação seca. Apesar das boas relações organizadas entre os pastores e os agro-pastores, ocorrem ocasionalmente disputas de terra entre eles, na maioria das vezes não mortais ou que envolvem apenas discussões e espancamentos. Na fase inicial de tais conflitos, os anciãos locais e vizinhos intervêm para resolver a discussão. Se o conflito não puder ser resolvido pelos anciãos vizinhos, outros anciãos pertencentes a uma terceira linhagem de clã próxima juntar-se-ão às partes para facilitar o diálogo e a resolução do conflito. Os anciãos mediadores resolvem os conflitos de terra depois de consultarem os litigantes, bem como os vizinhos que testemunham a propriedade da terra em disputa. Entre os pastores, todas as disputas de terra entre indivíduos são resolvidas desta forma pelos líderes tradicionais, enquanto que entre os agro-pastores as disputas de terra entre indivíduos são resolvidas pelos líderes de kebele que representam uma autoridade distrital e o governo.

Poucos agro-pastoris têm terras comunais cercadas para cultivo e produção de forragem, enquanto 94,3% dos agregados familiares inquiridos (Tabale 5) na comunidade agro-pastoril se opunham aos cercamentos das pastagens comunais tradicionais, afirmando que os novos cercamentos de terras privatizadas têm um impacto grave na gestão tradicional dos recursos das pastagens, porque os cercamentos representam a privatização das terras de pastagem comunais e, como tal, são causa de conflito entre e dentro dos pastores e agro-pastoris. Os restantes 5,7% dos agregados familiares incluídos na amostra têm uma boa impressão, e não oposta, sobre os cercados. Indicam que os recintos podem ser usados como fonte fiável de forragem para o gado durante o período de seca, uma vez que estão protegidos do uso indiscriminado por outros pastores e agro-pastores. Por outro lado, 100% dos agregados familiares incluídos na amostra da comunidade pastoril opuseram-se aos recintos das pastagens comunais tradicionais, afirmando que não podem ter recintos nesse tipo de terras de pastagem comunais, o que criaria conflitos entre eles.

Os poços de água, tanto de pecuaristas como de agro-pecuaristas, pertencem a um grupo de clãs ou sub-clãs, onde cada clã ou sub-clã tem seus próprios poços ao longo das bacias comuns e os indivíduos desses clãs e sub-clãs administram e mantêm os poços. Eles regulam o uso diário dos poços através de controlos sociais informais e supervisionam o uso da água pelo gado e varrem e limpam os poços. Os pastores e os grupos agro-pastoris na área de estudo têm organizações formais apenas para a gestão dos poços. Quando um novo furo é construído pelo governo ou por ONGs e a propriedade dos furos é oficialmente transferida para a população local, esta elege 2-3 homens que atribuem água à comunidade e aos hóspedes, guardam os poços, aplicam e definem regras de utilização, cobram taxas e fazem a manutenção dos poços.

4.6. Regras, normas e costumes tradicionais que regem a gestão das terras de pastagem

4.6.1. Instituições locais

As instituições locais são organizações comummente aceites, que desempenham o papel de governar e orientar os comportamentos dos membros individuais da sociedade. As instituições indígenas estão organizadas para servir as necessidades sociais, económicas, de segurança e de desenvolvimento dos seus membros. Como se pode ver na figura 4, 30% dos inquiridos concordam que têm a responsabilidade de tomar decisões e de aplicar as regras de utilização dos recursos, enquanto 20% dos inquiridos afirmaram que as instituições permitem a flexibilidade e o oportunismo dos mecanismos complexos. Por outro lado, 26% dos inquiridos responderam que as instituições governam a mobilidade, a utilização dos recursos, a redistribuição e permitiram à sociedade suportar pressões extremas tanto do seu ambiente como dos seus concorrentes, enquanto 24% dos inquiridos concordaram que as instituições locais são parte integrante da rede de segurança social e partilham reivindicações sobre os activos produtivos que
caracterizam os sistemas pastoris e que são as pedras angulares da resiliência e da gestão de riscos pastoris e agro-pastoris.

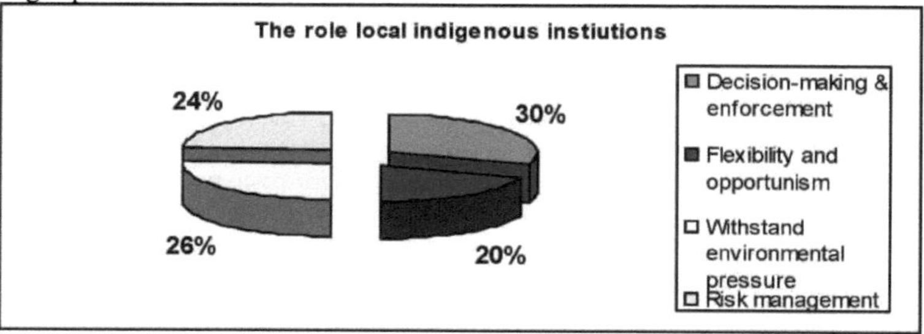

Figura 4: O papel das instituições indígenas com base nas percepções dos inquiridos

Além disso, com base nas informações dos informantes-chave, as instituições indígenas são dirigidas por anciãos que acumularam conhecimentos sobre a ecologia e adaptaram os sistemas de produção com base em experiências. Têm estruturas até ao nível de base para lidar com diferentes questões que estão perto dos membros da comunidade. A estrutura da administração formal não é compatível com o modo de vida dos pastores, que é móvel. As comunidades pastoris e agro-pastoris têm fortes laços com instituições indígenas e religiosas. Existe também um consenso de que as regras e os regulamentos tradicionais podem apoiar a implementação das políticas de desenvolvimento pastoril do governo se os dois trabalharem de perto e em colaboração.

Por outro lado, como mostra a (Figura 5), os pastores e agro-pastores têm as suas próprias instituições indígenas dirigidas por um líder tradicional chamado *Waber*. 72,8% (absolutamente 72%) dos
os inquiridos responderam: o sistema *Waber* é o sistema tradicional mais poderoso que rege a gestão e conservação dos recursos naturais comunitários. Este sistema impõe o controlo do pastoreio, através de uma política informal; toma as decisões finais relativas ao pastoreio comum, tais como o momento e o local das deslocações, o adiamento do pastoreio e a concessão de autorizações a pessoas de fora. Toma decisões no sentido de evitar áreas já utilizadas, manter uma distância adequada em relação a outras e evitar áreas recentemente desocupadas por outros. O *Waber* é eleito pelos anciãos da comunidade, pela comunidade pastoril, é um homem sábio e tem o respeito de todos os pastores e agro-pastores.

O *Waber* tem a responsabilidade de tomar decisões sobre todas as questões sociais, económicas e de segurança, incluindo a utilização dos recursos comuns, uma vez que desempenha um papel importante nas questões políticas. Ele é a autoridade máxima e os líderes sob a sua alçada constituem representantes dos sub-clãs, que são a autoridade máxima no sistema como um gabinete de ministros composto por representantes dos clãs. O comité só se reúne se houver questões críticas que digam respeito ao clã, uma vez que é responsável por questões relacionadas com a vida quotidiana da comunidade ao nível da aldeia, onde se realizam as administrações e a gestão reais dos recursos.

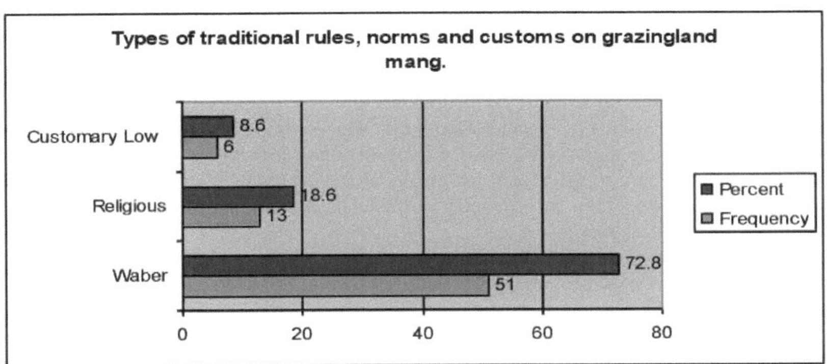

Figura 5: Tipos de regras, normas e costumes tradicionais que regem a gestão das pastagens com base na perceção dos inquiridos

Os líderes tradicionais reforçam a cooperação e a solidariedade social entre os clãs através de costumes comuns, da partilha de recursos e da prática de resolução de conflitos, de questões sociais, de segurança e económicas. Sempre que é necessário discutir um novo assunto, o *Waber* convoca uma reunião, que se realiza frequentemente à sombra de uma árvore. Por outro lado, 18,6% dos inquiridos também concordam que é importante a presença de um Sheik (líder religioso) nestas reuniões, não só para abrir a reunião com versículos do Alcorão Sagrado, mas também para acalmar os participantes se o debate ficar fora de controlo. Normalmente, os xeques não têm muito a dizer no debate, mas actuam como mediadores. O que for acordado durante a reunião tornar-se-á uma lei tradicional. A lei prevalece até que outra lei seja adoptada de acordo com a situação, como respondem 8,6% dos inquiridos. A preocupação com o ambiente e a utilização dos recursos naturais também é expressa através das regras que protegem as árvores valiosas, como as árvores de sombra e de fruto ou as árvores sob as quais se realiza a reunião.

Em caso de litígio sobre a terra ou os recursos hídricos, a questão é apresentada aos *Waber*, que convocam uma reunião de emergência e actuam como um tribunal informal, decidindo quem é culpado e aplicando uma sanção em conformidade. Este sistema comunal consuetudinário funciona bem, proporcionando a todos o acesso a terras de pastagem e água, bem como direitos e obrigações.

Figura 6. Pastores discutindo problemas de gestão de recursos naturais em Lascanod Kebele

Mas as instituições indígenas estão a ser cada vez mais pressionadas por uma multiplicidade de forças no que diz respeito à utilização das terras agro-pastoris e estão a perder o seu poder de aplicar sanções que poderiam querer impor aos abusadores de recursos. As instituições locais podem não ser capazes de impor sanções aos abusadores de recursos e àqueles que violam as leis consuetudinárias, sem o reconhecimento da liderança do kebele. Os líderes tradicionais queixam-se das intervenções dos líderes do kebele. Como disse o agro-pecuarista entrevistado, se impusermos sanções e penalidades aos abusadores de recursos, na maioria dos casos, eles apelam para as instituições formais do governo, especialmente os kebeles, para reverter as decisões. Porém, a gestão eficaz dos recursos naturais e o desenvolvimento pastoral poderiam ser alcançados através da integração das instituições indígenas com as estruturas formais do governo.

4.6.2. Tradições de plantação e cultivo de árvores

Na área de estudo, a comunidade não pratica a plantação de árvores, exceto árvores de fruto exóticas ao longo das margens do vale do rio sob uso agro-pastoril. As árvores de fruto são plantadas em quase todas as pequenas explorações agrícolas ao longo do vale do rio, devido à elevada procura no mercado de Borama, na Somalilândia. Os agro-pastores plantam árvores de fruto exóticas como a *papaia, a manga, a melancia* e *os citrinos*, que são geralmente plantadas nos limites internos das explorações. Quase todos os agricultores entrevistados no uso agro-pastoril da terra praticam a plantação de árvores de fruto. Nos agregados familiares selecionados da área agro-pastoril, a plantação de outras árvores representa cerca de 2% de todas as árvores plantadas. Mas os pastores não praticam qualquer tipo de plantação de árvores porque não têm residência permanente. Além disso, como a propriedade da terra é comunitária, é difícil para os indivíduos gerirem as árvores, uma vez que as árvores plantadas podem ser exploradas como recursos comuns oferecidos pela natureza. Eles disseram: "mesmo que alguém queira plantar árvores, não pode obter mudas ou sementes das árvores, porque não há nenhuma organização fornecedora ou fonte de sementes". Sempre que alguém precisa de mudas ou sementes de árvores de fruto vai a Dire Dawa ou à Somalilândia, para as comprar a um custo muito elevado. Na zona não existe nenhum viveiro privado ou governamental.

Figura 7. Melancia (em cima) e papaia (em baixo) introduzidas por agro-pastoris, crescendo na aldeia de Dhamal

Como mostra a tabela 6, 13 espécies que a comunidade agro-pastoril praticou para plantar,

percentagem da exploração agrícola e principais usos que são importantes para a sua subsistência
Tabela 6: Espécies de árvores plantadas, sua cobertura, densidade e usos no uso agro-pastoril da terra.

Não	Espécies	Percentagem da exploração	Densidade/árvore	Principais utilizações
1	Acácia-senegalesa	7%	4.40	FW,PT,CC
2	Annona senegalensis	9%	7.23	FR,TB
3	Azadachta indica	2%	0.62	SH,M, FW
4	Carica papaya	15%	14.46	FR
5	Ceiba pentandra	1%	0.31	FR
6	Citrus sinensis	14%	12.57	FR,TB
7	Ficus sycomorus	17%	9.12	FR, SH, PT
8	Hyphaene thebaica	14%	13.84	FR, CS
9	Mangifera indica	6%	2.51	FR
10	Persea Americana	3%	0.63	FR
11	Faisão (Pheonix reclinata)	5%	3.77	FR
12	Psidium guajava	4%	2.20	FR
13	Salvadora persica	3%	1.25	FR,TB

Legenda: SH: sombra; MED: medicinal CC: carvão vegetal FD: forragem FR: fruto FW: lenha; CS: construção; TB: escova de Tuth

4.7. Conhecimento e práticas indígenas na gestão e utilização de árvores
4.7.1. Conhecimentos indígenas sobre práticas silvícolas como base para a gestão da vegetação
ˈAs práticas de abate de ramos, talhadia, corte da árvore até ao seu cepo e polinização (corte da

coroa da árvore) são comuns entre os pastores e agro-pastores na área de estudo. Existem sanções severas que impedem o corte de árvores frutíferas e de sombra, tais como *Acacia* sp. *Balanites aegyptiaca, Dobera glabra, Ziziphus spina-christi* e *Boscia minimifolia*, tanto pelos pecuaristas como pelos agro-pecuaristas. Os pastores usam ramos de espécies espinhosas de *Acacia* em vez de cortarem a árvore inteira para cercar o gado. Os agro-pastoris também gerem e protegem árvores/arbustos polivalentes. Por exemplo, quando limpam a terra para a produção de culturas, nunca cortam árvores de uso múltiplo como árvores frutíferas e de sombra, mas protegem-nas e usam-nas como sombra, ou para colocar os seus materiais nos seus ramos planos.

Nalguns casos, os sistemas tradicionais de silvicultura são altamente sofisticados, com técnicas consideráveis e bem desenvolvidas, utilizadas para gerir e colher essas árvores e arbustos polivalentes (Figura 8).

Quadro 7: Perceção dos inquiridos sobre os conhecimentos indígenas e as práticas silvícolas nos dois sistemas de utilização dos solos

Perguntas	Resposta				
		Pastoralista		Agro-pastorícia	
	Opção	f	%	F	%
Dispõe de conhecimentos indígenas e de práticas silvícolas para proteger e gerir a utilização da vegetação?	Sim	27	77.1	21	60
	Não	8	22.9	14	40
Se a resposta à questão Q. for "Sim", que tipo de prática utilizou?	Talhadia	11	31.4	7	20
	Polinização	9	25.7	5	14.3
	Desbaste	7	20	9	25.7

f= frequência

Os resultados da tabela 7 mostram que 31,4% dos pastores e 20% dos agro-pastores dos agregados familiares inquiridos responderam, respetivamente, que a talhadia consiste em cortar a árvore até ao cepo e deixá-la crescer novamente; normalmente produz vários rebentos em vez do caule único original, que os pastores usam para certas espécies que têm boa capacidade de talhadia. Enquanto 25,7% dos pastores e 14,3% dos agro-pastores dos inquiridos na tabela semelhante responderam, respetivamente, que a polinização envolve o corte da copa da árvore, deixando-a crescer novos ramos a partir do topo do caule restante. Isto tem a vantagem de que os novos rebentos são altos e, portanto, mais apropriados para serem protegidos de danos causados por animais. Segundo os pastores e agro-pastores, a rebrota após a talhadia e o abate de árvores é vigorosa, porque o sistema radicular da árvore já está bem estabelecido. Por outro lado, 20% dos pastores e 25,7% dos agro-pastores dos inquiridos responderam que o corte de árvores é muito comum entre as duas comunidades, embora os pastores (Figura 8) acreditem que se cortarem o ramo de forma circular, não obtêm crescimento suficiente.

Figura 8. O corte vertical é praticado pelos pastores para *Boscia minimifolia (esquerda) Dobera glabra* Evitado pelos agro-pastores e utilizado para armazenar material de casas móveis durante a sua mobilidade sazonal (direita)

4.7.2. Mobilidade e diversidade dos efectivos como base para a gestão e utilização da vegetação

De acordo com Lamprecht (1989), os sistemas de produção pastoril exigem um conhecimento pormenorizado do ambiente: Para uma utilização eficiente dos recursos, é essencial o conhecimento do clima e da sua variabilidade espacial e temporal. Este conhecimento baseia-se na geração de observação e gestão adaptativa. Há muitas maneiras pelas quais os pastores e os agro-pastores se adaptaram à incerteza do seu ambiente. Como disseram os inquiridos, nas terras secas, a precipitação baixa e imprevisível significa que o único sistema de gestão eficaz é um sistema oportunista: ir onde estão os recursos. Isto significa flexibilidade espacial sendo móvel e flexibilidade temporal tendo tamanhos de rebanho variáveis e estratégias de gestão de risco. A mobilidade pastoril é simultaneamente flexível e selectiva, de uma área para outra onde há melhores pastagens e água disponíveis. A deslocação é organizada com base em acampamentos móveis, embora um número crescente de comunidades esteja a demonstrar um grau reduzido de mobilidade dos agregados familiares em relação ao passado. Quando as comunidades se deslocam, são frequentemente precedidas por um certo número de batedores que se deslocam à frente dos rebanhos. Os rebanhos não pastam ao acaso, mas em locais selecionados que se sabe serem os melhores disponíveis, enquanto os locais mais pobres são evitados e deixados a regenerar. Esta seletividade é intencional, tanto para garantir que o melhor pasto está disponível para o gado como para garantir que os locais mais pobres são deixados a regenerar.

A diversidade do efetivo é outra gestão adaptativa para uma melhor utilização e gestão dos recursos. A diversidade do gado dos pastores ajuda a obter uma vasta gama de espécies de pasto e de forragem e a otimizar a produtividade e a flexibilidade do rebanho. A diversidade também ajuda a assegurar a utilização óptima dos recursos, uma vez que os diferentes animais domésticos têm preferências alimentares diferentes; por exemplo, o camelo e a cabra pastam, enquanto as ovelhas e o gado pastam, o que maximiza a utilização da forragem disponível. Além disso, a diversidade ajuda a evitar grandes surtos de doenças, que podem afetar certas espécies mas não outras. Os caprinos e os bovinos são tipicamente criados como animais de dupla finalidade, tendo a produção de leite grande importância, enquanto os ovinos são frequentemente comercializáveis. Nas zonas mais áridas, o camelo é também um animal economicamente importante e altamente adaptado, que produz leite e carne e constitui um importante meio de transporte em zonas remotas.

Figura 9: Pastor de Jirjir a transportar os seus pertences para o novo local

4.7.3O conhecimento do ecossistema como base para a gestão da vegetação

O conhecimento pastoral e agro-pastoril profundo da dinâmica agro-ecológica complexa das pastagens é fundamental para detetar a disponibilidade de recursos. Este conhecimento inclui a compreensão dos padrões climáticos erráticos e a familiaridade com os recursos fragmentados das pastagens. Como mostra o resultado da figura 10, 87,3% dos pastores inquiridos têm sistemas elaborados de classificação ecológica, tais como o sistema (*Degaan*), que lhes permite praticar uma gestão rotativa adiada, deslocando o gado para pastagens sazonais para otimizar a utilização dos recursos das pastagens.

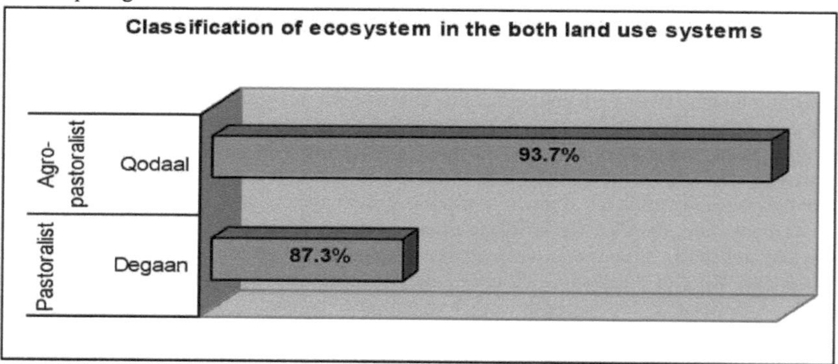

Figura 10: Perceção dos inquiridos sobre a classificação do ecossistema como base para a gestão da vegetação

Como explicaram os informadores-chave e os inquiridos, o sistema *Degaan* divide o habitat de pastagem em quatro micro-categorias baseadas na cobertura vegetal e no tipo de solo. Estas são (1) *Gabiib:* Este tipo de terra é caracterizado por uma vegetação arbustiva densa com solo argiloso e um elevado escoamento de água durante a estação das chuvas, uma vez que tem pouca importância para a produção de culturas. As pessoas utilizam este tipo de terra para a produção de incenso. (2) *Dhoobay:* Este tipo de terra é caracterizado por uma vegetação arbustiva espessa com solo preto e as pessoas utilizam-no para a produção animal, em especial para a criação de gado durante a estação das chuvas. (3) *Dooy:* Este tipo de terra é caracterizado por arbustos abertos e solo vermelho com boa conservação de água e as pessoas utilizam-no para a produção de culturas de sequeiro, especialmente para a cultura de sorgo em culturas itinerantes. (4) *Baía:* Este tipo de terra é caracterizado por vegetação mista de arbustos abertos com solo vermelho cinzento e as pessoas utilizam-no para a produção extensiva de camelos e cabras.

Por outro lado, 93,7% dos inquiridos agro-pastoris também determinaram um único sistema ecológico (Qodaal), que lhes permite praticar a produção de culturas de sequeiro para milho, sorgo e várias culturas de mercado.

4.7.4. Conhecimentos indígenas sobre a avaliação das forragens e o pastoreio definido como base para a gestão da vegetação

Os mecanismos de sustentabilidade do gado são tidos em consideração na área pastoril. A composição da vegetação nas pastagens é planeada de modo a salvaguardar as plantas durante a produção, para que os bancos de sementes não sejam minados, um resultado típico quando a mobilidade é restringida e é aplicada uma reserva de pastagem definida. Por exemplo, nas zonas ribeirinhas e nas zonas disponíveis de água, espécies importantes como *a Acacia seyal* e *a Salvadora persica* são protegidas do abate. As áreas da estação seca também são protegidas para garantir o acesso a pastagens nas alturas em que o gado tem de se deslocar para fontes de água perenes. A comunidade pastoril efectua uma avaliação das forragens antes de se deslocar para um novo local. Enviam homens selecionados aleatoriamente a três áreas diferentes para fazerem a avaliação, após o que comunicam as suas conclusões aos anciãos da comunidade. A avaliação inclui a distância e o estado do pasto e da água, a estimativa de quanto tempo a forragem e a água sustentam um determinado número de animais, o tipo de forragem e outros. Os anciãos tomarão então a decisão final sobre o local para onde se devem mudar. Os anciãos têm um conhecimento local bem desenvolvido sobre o ecossistema e as espécies de forragem e erva mais favorecidas pelo seu gado. Com base na cobertura vegetal e no tipo de solo da zona, sabem como utilizar os recursos, incluindo o número de animais e a duração do pastoreio. Nesta zona seca, os sistemas de pastoreio são caracterizados pela sua variabilidade e incerteza. Nestas circunstâncias, os sistemas de gestão devem ter a capacidade de responder rapidamente e de forma inteligente a desafios e oportunidades imprevistos. Esta gestão é feita no sentido de uma adaptação e não de otimização e controlo dos recursos.

4.7.5. Conhecimentos indígenas sobre as espécies e a sua utilização

O conhecimento do valor nutritivo das plantas é vital para a gestão pastoril das pastagens. Os conhecimentos sobre as espécies forrageiras estão bem desenvolvidos entre os pastores, tais como as forragens que promovem a produção de leite ou de carne, ou que fornecem forragem para a estação seca ou húmida, e forragens para diferentes raças de animais e idades. Contudo, os pastores utilizam as plantas para muito mais do que a alimentação do gado. Utilizam as árvores em funções sociais e culturais, para vedações, como medicamento e para construção. Quando as utilizam para a construção, selecionam as espécies que são fortes e resistentes ao ataque de térmitas e à decomposição. Para cercar o gado, utilizam ramos de acácias espinhosas. Numerosos frutos silvestres, sementes, tubérculos, cascas, goma e folhas são também utilizados pelos pastores para consumo humano ou para medicina. Muitas árvores de pastagem são também vitais para a economia pastoril e são ativamente preservadas e geridas de forma sustentável pelos pastores. Os frutos silvestres, as nozes e as plantas medicinais constituem importantes recursos alimentares suplementares para os pastores. Os pastores também têm um conhecimento local bem desenvolvido sobre as espécies de forragem e capim, as mais favorecidas pelo seu gado e as espécies venenosas. Uma das maneiras pelas quais os pastores avaliam a palatabilidade das plantas é através da monitorização do comportamento dos animais quando estão a pastar ou a comer. Os animais tendem a ser selectivos em relação às plantas que pastam ou pastam. Além disso, os pastores conhecem as plantas venenosas que devem manter afastadas e o grau de veneno numa determinada planta. Há muito que dependem de uma série de plantas de pastagem para alimentação e medicamentos e desenvolveram um conhecimento profundo através da sua longa e íntima associação com o seu ambiente. O conhecimento indígena baseia-se na aprendizagem experimental, evoluindo constantemente, e é partilhado através de processos de comunicação locais de acordo com as caraterísticas das práticas de produção pastoris. Mas estes conhecimentos indígenas dos pastores nómadas têm sido frequentemente negligenciados pelos serviços de extensão e investigação. Só recentemente é que foi reconhecido como um meio de promover o desenvolvimento sustentável.

4.7.6. Conhecimentos indígenas sobre a utilização de plantas medicinais

Um total de 23 espécies de plantas medicinais, agrupadas em 9 famílias, foram identificadas como úteis para o tratamento de doenças humanas e de animais domésticos. Isto inclui a utilização de plantas para outros fins. Relativamente à diversidade de hábitos, as árvores foram as plantas medicinais mais comuns (69,6%), enquanto os arbustos contribuíram com 26,67%. As partes mais utilizadas como medicamento foram as raízes (26,1%), enquanto as folhas e a goma foram igualmente importantes (21,7%). As restantes (52,2%) partes utilizáveis foram as cascas, a resina, os caules, os ramos e o látex.

Além disso, a comunidade nos dois sistemas de uso da terra tem um vasto conhecimento sobre a vegetação e os seus usos, como um todo, e pode explicar corretamente as doenças comuns na área e os seus tratamentos tradicionais, tanto para os seres humanos como para os animais. Os inquiridos apontaram a distribuição desigual de centros de saúde modernos na maior parte da Região. Os centros de saúde, quando existiam, estavam confinados às cidades e não às aldeias rurais, sendo inacessíveis à maior parte da comunidade pastoril. Por conseguinte, estas desenvolveram uma riqueza de conhecimentos de etnomedicina e têm uma dependência histórica do sistema de cura tradicional. Os curandeiros tradicionais são capazes de tratar diferentes problemas de saúde, como infecções oculares, hemorragias, feridas, úlceras, dores de estômago, infecções gastrointestinais, infecções cutâneas, etc. É difícil obter informação completa sobre todas as plantas medicinais, porque algumas delas não são conhecidas por todos os membros da comunidade. Algumas ervas especiais são conhecidas apenas por alguns indivíduos e estes não querem transmitir esta informação aos outros, visto que faz parte da sua provisão e do seu tipo de rendimento. Na tabela 8 apresenta-se um resumo das árvores e arbustos medicinais tradicionais comummente usados, hábitos e partes de plantas usadas para várias doenças causadas por pragas, doenças e predadores.

Quadro 8. Medicamentos tradicionais à base de plantas habitualmente utilizados na área de estudo para uso humano e animal

Não	Nome científico	Habitat	Parte da planta utiliza	Doenças tratadas pela planta				
				Anti-carrapatos e mordeduras de cobras	*Ferida cutânea e coagulação sanguínea*	*Anti-dor e anti-bióticos*	*Disenteria, dor de estômago*	*como Viagra*
1.	*Acácia-bussei*	Árvore	Casca			x		
2.	*Acácia horrida*	Árvore	Ramos			x		

3.	*Acácia (Acacia mellifera)*	Árvore	Goma		x			
4.	*Acácia reficiens*	Árvore	Raízes			x		
5.	*Acácia do Senegal*	Árvore	Goma			x	x	
6.	*Acácia-senegalesa*	Árvore	Goma				x	
7.	*Acácia tortilis*	Árvore	Goma		x			x
8.	*Albizia anthelmintica*	Árvore	Raízes			x		
9.	*Cissus aphylla*	Arbusto	Folhas				x	
10.	*Commiphora kua*	Árvore	Resina		x			

11.	*Commiphora africana*	Árvore	Casca, folhas	x		x		
12.	*Commiphora baluensis*	Árvore	Resina	x				
13.	*Commiphora kataf*	Árvore	Goma			x	x	
14.	*Commiphora myrrha*	Árvore	Resina				x	x
15.	*Euphorbia erlangeria*	Árvore	Líquido			x		
16.	*Euphorbia robecchii*	Árvore	Caules			x		
17.	*Gnidia somaliensis*	Árvore	Raízes			x	x	
18.	*Grewia tembensis*	Arbusto	Raízes		x			

19.	*Grewia tenax*	Arbusto	Raízes		x			
20.	*Hibiscus aponneurus*	Arbusto	Folhas		x			
21.	*Indigofera schimperi*	Arbusto	Líquido			x	x	
22.	*Lawsonia inermis*	Arbusto	Folhas e raízes					x
23.	*Maerua sessilifllora*	Arbusto	Folhas	x				

4.7.7. Conhecimentos indígenas sobre plantas silvestres comestíveis e sua gestão

Durante os períodos de seca e de cheias, quando os alimentos cultivados são escassos, as plantas silvestres comestíveis constituem uma óptima ração suplementar e nutrição para os seres humanos na área de estudo. As folhas, flores, frutos, sementes, raízes e, por vezes, ramos da maioria das espécies de plantas selvagens cultivadas na área de estudo são, de uma forma ou de outra, comestíveis, bebíveis, mastigáveis e, por vezes, utilizadas para fumar e para se drogar.

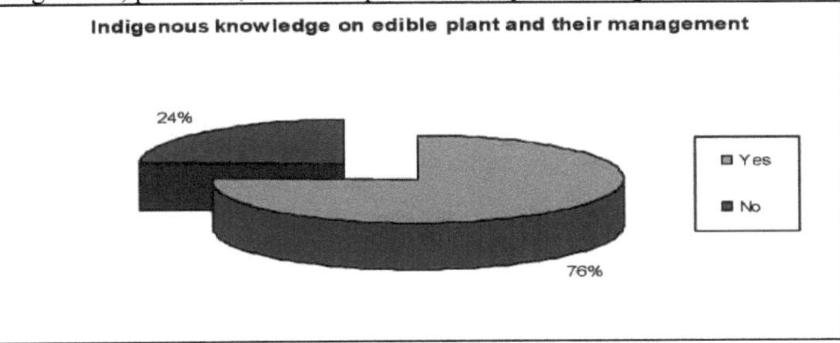

Figura 11: Percentagem de conhecimentos indígenas sobre plantas comestíveis e gestão com base na perceção do inquirido

Como mostra a Figura 11, 76% dos agregados familiares inquiridos responderam que a comunidade tem um conhecimento extenso de plantas silvestres comestíveis, enquanto 24% dos inquiridos responderam que a comunidade não tem um conhecimento extenso de plantas silvestres comestíveis.

No entanto, como os inquiridos indicaram, a palatabilidade de muitas plantas silvestres está altamente correlacionada com o seu crescimento sazonal e fases fenológicas. Algumas plantas e partes de plantas só são comestíveis durante a estação das chuvas quando estão húmidas; caso contrário, serão venenosas e matarão a pessoa. Nalguns casos, por exemplo, é possível comer as folhas de uma determinada planta, mas o fruto pode não ser comestível. Por conseguinte, sem a experiência e os conhecimentos locais, pode ser muito perigoso engolir simplesmente as partes de plantas ditas comestíveis de uma zona selvagem. São necessários mais estudos ecológicos, agronómicos, nutricionais e económicos para conhecer a ecologia, a fenologia, a produtividade e a toxicidade, bem como os valores económicos das espécies de plantas comestíveis silvestres encontradas nos matos naturais, a fim de maximizar a sua utilização pela população cada vez maior da zona. A lista das plantas comestíveis, a sua parte comestível, hábitos e período sazonal são apresentados no quadro 9.

Tabela 9: Árvores e arbustos silvestres comestíveis na área de estudo

Não	Nome científico	Local Nome	Habitat	Comestível Parte da planta	Época
1.	*Acácia-bussei*	Qudhac	Árvore	Vagens e gomas comestíveis	Estação seca
2.	*Acácia horrida*	Sarmaan	Árvore	Sementes comestíveis e goma	Todas as estações
3.	*Acácia (Acacia mellifera)*	Bilcil	Árvore	Goma comestível, sementes droga	Estação seca
4.	*Acácia reficiens*	Qansax	Árvore	Goma e sementes editáveis	Toda a estação
5.	*Acácia do Senegal*	Cadaad	Árvore	Pastilha elástica editável	Estação seca
6.	*Acácia tortilis*	Galool	Árvore	Vagens e gomas comestíveis	Toda a estação
7.	*Acácia zanzibarica*	Jiiq	Árvore	Goma comestível	Todas as estações
8.	*Anisotes trisulcus*	Mirdhis	Arbusto	Flores sugadas	Todas as estações

9.	*Balanites aegyptiaca*	Kulan	Árvore	Frutos comestíveis	Estação seca
10.	*Boscia minimifolia*	Maygaag	Árvore	Frutos comestíveis	Estação seca
11.	*Senna alexandria*	Salamac	Árvore	Frutos comestíveis	Todas as estações
12.	*Commiphora* sp.	Qarari	Árvore	Sementes comestíveis	Toda a estação
13.	*Cordia sinensis*	Madheedh	Arbusto	Frutos comestíveis	Fim da estação das chuvas
14.	*Dobera glabra*	Garas	Árvore	Frutos e gomas comestíveis	Estação seca
15.	*Ficus somalensis*	Barde	Árvore	Frutos comestíveis	Estação seca
16.	*Grewia penicillata*	Hobhob	Arbusto	Sementes comestíveis	Estação seca
17.	*Grewia tembensis*	Midhayo	Arbusto	Sementes comestíveis	Fim da estação das chuvas
18.	*Grewia tenax*	Dhafaruur	Arbusto	Sementes comestíveis	Época das chuvas
19.	*Ipomoea donaldsonii*	Biriboole	Arbusto	Raízes e vapores comestíveis	Toda a estação
20.	*Maerua sessiliflora*	Jiic	Árvore	Frutos comestíveis	Fim da estação das chuvas

21.	*Moringa longituba*	Mawe	Arbusto	Frutos bêbados	Estação seca
22.	*Salvodora persica*	Caday	Árvore	Frutos comestíveis	Toda a estação
23.	*Ziziphus hamur*	Xamudh	Arbusto	Frutos comestíveis	Época das chuvas

4.7.8. Conhecimentos indígenas sobre plantas venenosas

No mato, não há apenas plantas úteis, mas há também espécies de plantas muito perigosas para o homem e os seus animais. Dependendo da estação do ano e das fases de crescimento das plantas, a mesma planta ou partes de plantas podem ser muito úteis ou muito venenosas. Um total de 11 espécies de plantas venenosas, agrupadas em 7 famílias, foram identificadas como venenosas tanto para o homem como para os animais domésticos. Isto inclui a utilização das plantas para outros fins. No que respeita à diversidade de hábitos, as árvores foram as plantas venenosas mais comuns (54,5%) e os arbustos (45,5%). Para além disso, a estação seca, a estação das chuvas e todas as estações foram as estações comuns em que o grau de envenenamento foi elevado. No entanto, a comunidade possui conhecimentos intensivos que lhe permitem utilizar essas plantas venenosas para consumo humano e animal sem qualquer perigo. Podem evitar o efeito negativo da planta conhecendo a estação em que é venenosa. Por exemplo, podem utilizar a parte da planta que não é venenosa e evitar a outra parte. No caso do gado, conhecem a quantidade de alimento que pode ser nociva e, nesse caso, podem permitir que o animal se alimente, mas interromperão a alimentação se o animal continuar a alimentar-se. As plantas poinsonosas mais comuns, os hábitos, o grau de veneno, a parte das plantas e a estação do ano são apresentados no quadro 10.

Quadro 10: Lista de árvores e arbustos venenosos na área de estudo

Não	Nome científico	Local Nome	Habitat	Venenoso Parte da planta	Grau de envenenamento	Época de veneno
1.	*Aloé megalantha*	Dacar	Arbusto	Folhas	Veneno	Estação seca
2.	*Espargos falcatus*	Adhixago w	Arbusto	Flores	Veneno elevado	Época das chuvas
3.	*Commiphora boranensis*	Ilka-caddeeye	Árvore	Frutos	Veneno	Estação seca

4.	*Commiphora erlangeriana*	Dhunkaal	Árvore	Frutos, folhas e goma	Altamente venenoso	Estação seca
5.	*Commiphora myrrha*	Malmal	Árvore	Frutas e pastilhas elásticas	Veneno	Estação seca
6.	*Commiphora* sp.	Bacaroor Libaax	Árvore	Frutos	Veneno	Estação seca
7.	*Datura innoxia*	Qubbo	Arbusto	Todas as peças	Veneno	Toda a estação
8.	*Delonix elata*	Labi	Árvore	Raiz	Veneno	Toda a estação
9.	*Euphorbia erlangeri*	Qabayaro	Arbusto	Todas as peças	Veneno	Toda a estação
10.	*Euphorbia robecchii*	Dharkayn	Árvore	Todas as peças	Veneno	Toda a estação
11.	*Sesbania somalense*	Labi-yar	Arbusto	Líquido	Veneno	Toda a estação

4.7.9. Conhecimentos indígenas sobre plantas e espécies animais selvagens ameaçadas

Durante o inquérito de campo, a população local foi convidada a identificar o estado das espécies vegetais e selvagens na zona, se estão a aumentar ou a diminuir e as razões para tal. Identificaram cerca de 22 espécies de árvores e arbustos e 15 espécies de animais selvagens que estão ameaçadas (quadros 11 e 12).

Como mostra a figura 12, 44,3% dos inquiridos concordam que os fins de produção agrícola foram as principais razões de destruição da vegetação, enquanto 32,9% e 22,3% dos inquiridos responderam que a lenha e a recolha de material de construção foram as razões pelas quais a comunidade destruiu a floresta, respetivamente. Com o desaparecimento do habitat, a vida selvagem também desapareceu. As comunidades locais queixavam-se da expansão de espécies indesejadas de animais selvagens e plantas. Afirmaram que enquanto as espécies de alto valor, tanto de animais selvagens como de plantas, estão a diminuir, as espécies indesejadas estão a aumentar. A invasão do mato com plantas invasoras aumentou.

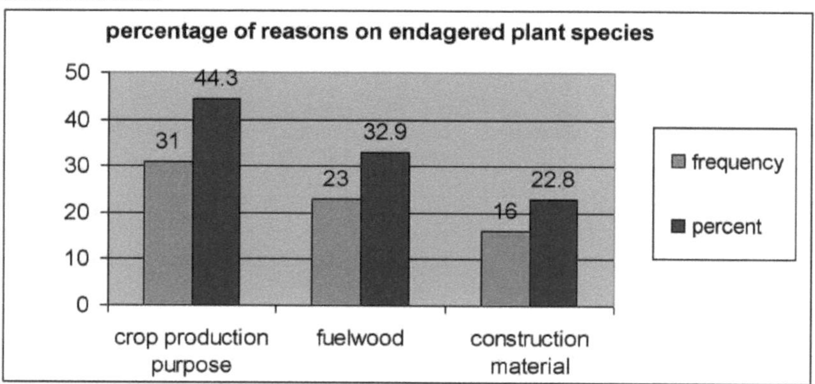

Figura 12: Conhecimentos indígenas sobre plantas ameaçadas com base nas percepções dos inquiridos

Por outro lado, quando as principais espécies de animais selvagens, como os leões, desapareceram, as espécies carnívoras, como as hienas, a raposa, o chacal e o caracal, ou as espécies herbívoras selvagens que danificam as culturas cultivadas ou comem os animais domésticos, também aumentaram. Segundo os inquiridos, a disponibilidade de armas de fogo automáticas, o avanço da desflorestação por todo o lado e o aumento da população humana reduziram fortemente a quantidade de plantas e animais selvagens de grande valor. Os habitantes locais afirmaram que a matança indiscriminada de animais selvagens e as secas frequentes, comuns na região, forçaram a perda de alguns animais selvagens únicos do seu habitat natural.

Quadro 11: Evolução do estado das espécies arbóreas e arbustivas

Não	Árvores/arbustos Espécies	Local Nome	Utilização do solo	Estado	Habitat	Observações
1.	*Acácia-bussei*	Qudhac	Ambos	Diminuição	Árvore	Sobre-utilizações
2.	*Acácia edgeworthii*	Gumar	Pastoralistas	Aumentar	Árvore	A invasão de Bush
3.	*Acácia hamulosa*	Masaar-jabis	Ambos	Diminuição	Árvore	Sobrecorte
4.	*Acácia (Acacia mellifera)*	Bilcil	Ambos	Aumentar	Árvore	A invasão de Bush
5.	*Acácia reficiens*	Qansax	Pastoralistas	Aumentar	Árvore	A invasão de Bush

6.	*Acácia tortilis*	Galool	Ambos	Diminuição	Árvore	Produção de carvão vegetal
7.	*Acácia zanzibarica*	Jiiq	Agropecuária	Aumentar	Árvore	A invasão de Bush
8.	*Adenium obesum*	Obow	Ambos	Diminuição	Árvore	Sobrecorte
9.	*Boscia minimifolia*	Maygaag	Ambos	Diminuição	Árvore	Sobre-utilizações
10.	*Boswellia neglecta*	Midhafur	Ambos	Diminuição	Árvore	Sobre-utilizações
11.	*Commiphora hodai*	Hadi	Ambos	Diminuição	Árvore	Utilizações excessivas
12.	*Commiphora* sp.	Qarari	Ambos	Diminuição	Árvore	Sobre-utilizações
13.	*Commiphora* sp.	Uus-qube	Ambos	Diminuição	Árvore	Utilizações excessivas
14.	*Commiphora* sp.	Bisiq	Ambos	Diminuição	Árvore	Utilizações excessivas
15.	*Cordia sinensis*	Madheedh	Ambos	Diminuição	Arbusto	Construção
16.	*Crotalária laxa*	Xarmaale	Ambos	Diminuição	Arbusto	Utilizações excessivas
17.	*Dobera glabra*	Garas	Ambos	Diminuição	Árvore	Sobrecorte
18.	*Euphorbia robecchii*	Dharkayn	Ambos	Diminuição	Árvore	Motivo desconhecido

19.	*Prosopis juliflora*	Cali-garoob	Agropecuária	Aumentar	Árvore	Espécies invasoras
20.	*Salvodora persica*	Caday	Agropecuária	Aumentar	Árvore	A invasão de Bush
21.	*Solanum incanum*	Ducur	Ambos	Diminuição	Arbusto	Sobrecorte
22.	*Terminalia polycarpa*	Hareeri	Ambos	Diminuição	Árvore	Construção

Tabela 12: Estado das espécies de vida selvagem em Awbare Wereda

Não.	Nome científico	Nome local	Estado
1.	*Acinonyx jubatus*	Haramacad	Comum
2.	*Canis mesomelas*	Dawaco	Abundante
3.	*Crocuta*	Dhurwaa	Abundante
4.	*Felis carcal*	Gaduudane	Abundante
5.	*Gazella soemmirringi*	Cawul	Comum
6.	*Giraffa camelopardalis*	Gari	Poucos
7.	*Hystrix critata*	Kashiito	Abundante
8.	*Lepus habessinicus*	Bakayle	Abundante

9.	*Litocranius walleri*	Garanuug	Abundante
10.	*Madoqua sp.*	Sagaro	Abundante
11.	*Oryx gazela*	Biciid	Raro
12.	*Panthera leo*	Libaax	Comum
13.	*Panthera pardus*	Shabeel	Raro
14.	*Papio cynocephalus*	Daanyeer	Abundante
15.	*Tragelaphus imberbis*	Goodir	Raro

4.7.10. Conhecimentos indígenas sobre espécies produtoras de goma e incenso e sua utilização

As espécies produtoras de goma e incenso são componentes dominantes da vegetação da área de estudo e são muito importantes para a geração de rendimentos, produção de gado, combate à desertificação e conservação da biodiversidade. Por conseguinte, os pastores e agro-pastores possuem uma riqueza de conhecimentos tradicionais sobre estas espécies e utilizam-nas localmente para muitos outros fins, como medicina tradicional, alimentação, mastigação, etc. Por exemplo, os pastores e agro-pastores utilizam o incenso de framboesa e a mirra como fumigante em ocasiões religiosas e culturais. A mirra é geralmente utilizada para fins higiénicos, dissipa os maus cheiros em casa e afasta as moscas, cobras, formigas, antropóides e mosquitos que nos visitam. Tratam infecções oculares, hemorragias, feridas, úlceras, dores de estômago, infecções gastrointestinais, infecções cutâneas e obstipação e são utilizadas como viagra, etc. A comunidade na área de estudo também está envolvida na produção e venda de recursos de goma e resinas. Em geral, devido ao efeito frequente da seca nos sectores da pecuária e da agricultura, o papel da produção de goma e incenso na subsistência das famílias não pode ser ignorado na área de estudo. Foi identificado um total de 21 espécies de plantas produtoras de goma e incenso, que são importantes para fins económicos e para a conservação da biodiversidade (Quadro 13). Para além disso, 60% da população local obtém o seu rendimento a partir destes produtos. Por conseguinte, o subsector da goma e do incenso será um dos negócios viáveis para sustentar os meios de subsistência dos pastores, minimizando o risco de falhas frequentes nas colheitas e no gado.

Quadro 13: Lista de espécies de árvores/arbustos produtoras de goma e incenso encontradas na área de estudo

Não	Nome científico	Nome local	Tipo de produto

1.	*Acácia-bussei*	Qudhac	Goma
2.	*Acácia edgeworthii*	Gumar	Incenso
3.	*Acácia hamulosa*	Masaar-jibis	Incenso
4.	*Acácia horrida*	Sarmaan	Goma
5.	*Acácia (Acacia mellifera)*	Bilcil	Goma
6.	*Acácia reficiens*	Qansax	Goma
7.	*Acácia do Senegal*	Cadaad	Goma
8.	*Acácia somalensis*	Farayar	Goma
9.	*Acácia tortilis*	Galool	Goma
10.	*Acácia zanzibarica*	Jiiq	Goma
11.	*Boswellia microphyla*	Muqle	Incenso
12.	*Boswellia neglecta*	Midhafur	Incenso
13.	*Commiphora corrugada*	Gandaad	Incenso
14.	*Commiphora gowlello*	Gowliile	Incenso
15.	*Commiphora hodai*	Hadi	Incenso
16.	*Commiphora kataf*	Xagar	Incenso

17.	*Commiphora boiviniana*	Arxagow	Incenso
18.	*Commiphora myrrha*	Mamífero	Incenso
19.	*Commiphora rostrota*	Eynaad	Incenso
20.	*Commiphora samharensis*	Horgooy	Incenso
21.	*Commiphora* sp.	Qarari	Incenso

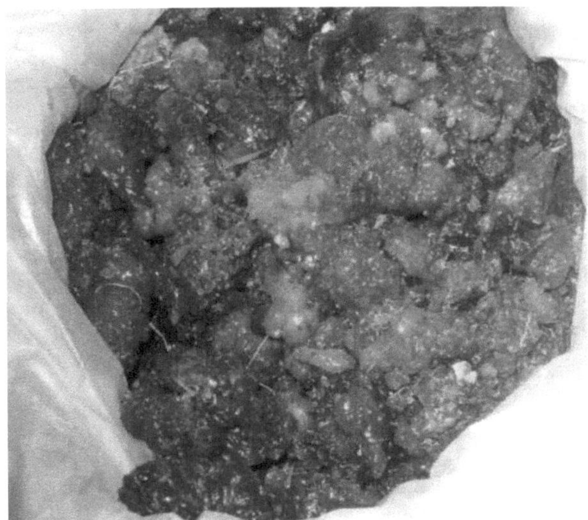

Figura 13. Mirra pura pronta para ser transportada de Jirjir para a Somalilândia

4.7.11. Utilização e gestão de árvores e arbustos para a produção de madeira, utensílios domésticos, construção, lenha e outras produções não lenhosas

Tal como o entrevistado afirmou, na área de estudo de ambos os usos do solo, as comunidades dependem grandemente dos recursos de vegetação natural para as suas necessidades básicas sob várias formas. A vegetação natural fornece lenha, forragem, alimentos, cobertura do solo e produtos florestais não lenhosos. Mais de 97% da comunidade na área de estudo está a construir as suas casas tradicionais de baixo custo, adequadas a áreas quentes e secas, feitas de madeiras obtidas localmente. A madeira é o principal material utilizado para fabricar utensílios domésticos locais, mobiliário, recipientes para leite, recipientes para água, gamelas, colheres, pratos, etc. (Figura 15) e outras ferramentas nas zonas pastoris. A lenha e o carvão vegetal são também a única fonte de energia para as comunidades pastoris e agro-pastoris. A vegetação natural também sustenta a principal economia da sociedade, o gado camelo, bovino, ovino e caprino. Na zona, a recolha de lenha, o fabrico de carvão e a sua venda também contribuem para um rendimento substancial de muitas pessoas na zona. Para além destes contributos económicos notáveis dos recursos florestais, incluindo a produção de madeira, goma e frutos silvestres comestíveis (Quadro 14), existem outros serviços como a conservação do solo e da água, o ciclo de nutrientes e a fixação de azoto e a melhoria do microclima para as pessoas e o gado, o habitat da vida selvagem e a conservação da biodiversidade.

Quadro 14: Rendimento médio anual gerado pelo agregado familiar a partir da venda de produtos lenhosos e não lenhosos de árvores em terras de uso pastoril

| Não | Tipo de produção | Quantidade/em (kg) | Preço (Birr) | Rendimentos anuais/HH (Birr) |
		Média	Média	Média
1.	Goma	15.08	9.17	799
2.	Madeira	27.80	5	150.7
3.	Frutos silvestres comestíveis	11.50	5.16	367

4.8. Actividades geradoras de rendimentos agrícolas e não agrícolas na área de estudo

As principais fontes de rendimento na área de estudo são a criação de gado, as colheitas e a produção de goma. A cultura é a principal fonte de rendimento para 95% dos agregados familiares da amostra no uso agro-pastoril da terra. Mais uma vez, a mesma proporção de agregados familiares identificou o gado como sendo a sua fonte secundária de rendimento. A média de criação de gado, por família, não era muito elevada, em comparação com o uso da terra puramente pastoril, onde a alimentação é o principal fator de constrangimento para a produção de gado. Na utilização pastoril da terra, as principais fontes de rendimento são o gado, que é a principal fonte de rendimento para 80% dos agregados familiares da amostra. As culturas são a principal fonte de rendimento para 20% dos agregados pastoris. A proporção de cada fonte de rendimento para os agregados familiares é apresentada na tabela 15. Isto está de acordo com o estudo de Mulugeta Limenih *et al* (2003) que relatou que a pecuária e a agricultura são as duas principais actividades económicas na zona de Jig-jiga do SRS. As actividades não agrícolas identificadas na área de estudo são o pequeno comércio, a transferência de dinheiro, o emprego, a alimentação para o trabalho e o trabalho diário. A alimentação para o trabalho é a principal atividade fora da exploração agrícola identificada nas áreas de estudo, onde o total de agregados familiares da amostra no uso da terra agro-pastoril, apenas 4% estão envolvidos no emprego público, 17% no pequeno comércio, 4% na transferência de dinheiro, 16% na alimentação para o trabalho, 3% no trabalho diário e os restantes 56% não estão envolvidos em actividades fora da exploração agrícola. Na utilização pastoril da terra, apenas 11% estão envolvidos em pequenos comércios, 8% em comida por trabalho e 81% não estão envolvidos em quaisquer actividades fora da exploração agrícola (Quadro 16).

Quadro 15: Proporção das fontes de rendimento dos agregados familiares em ambos os usos do solo na área de estudo

| Não | Fontes de rendimento | Proporção do rendimento para cada utilização do solo | |
		Pastoralistas	Agro-pastoris
1	Pecuária e culturas	-	95%

2	Cultura	-	5%
3	Gado, goma e incenso	80%	-
4	Pecuária, culturas, goma e incenso	20%	-

Quadro 16: Proporção do rendimento extra-agrícola para os agregados familiares em ambos os usos do solo

Não	Actividades fora da exploração	Proporção de actividades não agrícolas	
		Agro-pastoris	Pastoralistas
	Comércio de pequenas quantidades	17%	11%
	Transferência de dinheiro	4%	-
	Emprego em organizações governamentais	4%	-
	Alimentação para o trabalho	16%	8%
	Trabalho diário	3%	
	Não envolvidos em actividades não agrícolas	56%	81%

Figura 14. Sistemas de uso da terra pastoris (direita) e agro-pastoris (esquerda) da área de estudo

4.9. Constrangimentos Relacionados com a Gestão da Vegetação Natural

De acordo com os informadores-chave e as observações durante o estudo de campo, tem-se registado um aumento contínuo da população humana nos últimos anos. Por conseguinte, a vegetação natural está sob pressão crescente dos impactos naturais e antropogénicos. As principais ameaças induzidas pelo homem, conforme resumidas nas entrevistas aos agregados familiares e nas discussões de grupo, foram a recolha de lenha e de materiais de construção, o sobrepastoreio, a invasão de arbustos, a conversão de florestas em terras agrícolas, a mudança no estilo de vida da comunidade pastoril e os problemas associados, e a negligência da forma tradicional de gestão dos recursos. Mencionaram ainda que a seca recorrente na área e as cheias são outros factores naturais que agravam a pressão humana e os desafios à gestão e utilização sustentáveis dos recursos na área de estudo. Afirmaram que a vegetação perto dos dois rios e das zonas residenciais está mais ameaçada. Os factores que ameaçam a vegetação da área são discutidos abaixo.

Figura 15. Diferentes utensílios locais feitos de diferentes espécies de madeira natural na área de estudo a) Haan ;para armazenar manteiga) b) fundhaal & fidhin: para alimentos e cabelo c) xeedho: para armazenar alimentos e leite d) dhiil: para leite

4.9.1. Recolha de lenha e material de construção

A recolha de lenha e de material de construção é por vezes considerada como a principal causa do esgotamento dos recursos de vegetação florestal na área de estudo. São as forças mais destrutivas e o elemento mais poderoso que contribui para o colapso dos sistemas tradicionais de gestão dos recursos lenhosos. A madeira é o material primário utilizado para fazer carvão e lenha, porque a madeira é a única fonte de energia disponível na área para os usos pastoris e agro-pastoris da terra, onde quase 100% da comunidade a utiliza. De acordo com a discussão em grupo, o fabrico descontrolado de carvão vegetal e o seu comércio para os países vizinhos, a Somalilândia, é o maior problema. Os informadores-chave também mencionaram a exportação de carvão vegetal para o Djibuti, através da Somalilândia, como um problema importante que também agrava a desflorestação, porque os fabricantes de carvão vegetal têm como alvo espécies especiais com elevado valor calorífico, como *a Acacia bussei* e *a Acacia tortilis*. A exploração da madeira para fins de construção e de lenha é particularmente elevada perto das zonas urbanas, onde a procura de madeira é elevada e o fabrico de carvão vegetal é uma atividade muito comum. A recolha de lenha e a produção de carvão vegetal constituem um meio de obter rendimentos em dinheiro para pessoas que têm poucas outras oportunidades disponíveis. Embora reconheçam os danos que as suas actividades estão a causar, não têm outra alternativa que não seja a exploração da floresta.

Figura 16. Actividades de produção de carvão vegetal perto da aldeia de Horof

4.9.2. Pressão do gado

A área de estudo é uma das weredas com grande população de gado no país. Mais importante ainda, como o número de animais por agregado familiar é um indicador do estatuto social, todos os agregados familiares estão interessados em manter um grande rebanho (Quadro 17). O sistema tradicional de pastoreio livre com um número tão grande de gado é um problema para a gestão sustentável da vegetação natural. Como mostram os resultados do quadro 17 e a discussão com os informadores-chave indica, para além do grande número de animais na área, houve também um afluxo contínuo de pastores vizinhos, principalmente da Somalilândia e de outras partes do país, como a zona de Shinile, que não foram recusados porque as suas áreas foram afectadas pela seca. As perturbações ecológicas, nomeadamente os impactos negativos do pastoreio ou do pisoteio na regeneração natural desta vegetação, são enormes. O sobrepastoreio, que leva a impedir a regeneração natural, é um dos factores mais importantes que resultam no desaparecimento de árvores e arbustos.

Quadro 17: Resultado, tipo de gado, número médio /HH e preço/tipo nos dois sistemas de utilização das terras

Não	Tipo de gado	Pastoralistas		Agro-pastoris	
		N.º médio /HH	Preço médio do gado (Birr)	N.º médio /HH	Preço médio do gado (Birr)
1	Camelo	23	7000	12	7000

2	Gado	15	2900	14	2900
3	Cabra	62	290	21	290
4	Ovinos	14	385	19	385
5	Burro	3	1437	3	1437

4.9.3. Invasões de arbustos nativos e outras espécies invasivas

Várias espécies nativas de acácia, entre as quais *a Acacia seyal, a Acacia mellifera* e outras, foram observadas como espécies emergentes e desenfreadas, substituindo algumas das espécies valiosas após a limpeza das terras. Também na área agro-pastoril, as espécies invasoras estão a espalhar-se rapidamente e cobriram grandes terrenos agrícolas adequados nas margens do vale do rio Harawa, expandindo-se para as pastagens. Por exemplo, *a Prosopis juliflora* tem um crescimento rápido e tem a capacidade de se espalhar muito rapidamente através do gado que se alimenta dela e depois dispersa a semente através das suas fezes. Os inquiridos salientaram que, devido à sua rápida expansão, *a Prosopis juliflora* é a espécie invasora mais grave na zona. Foi observado durante o inquérito de campo que esta espécie ocupou uma grande área agrícola nas margens do vale do rio, e os agricultores têm de pagar um custo muito elevado para a limpar em cada estação. A população local não faz carvão a partir de *Prosopis juliflora* porque prefere as espécies locais.

Figura 17. *Prosopis juliflora* em Dhamal (esquerda) e *Acacia seyal* em Carmo (direita)

4.9.4. Necessidade de terras agrícolas

Com base na observação de campo, o desbravamento de terras para o cultivo de culturas na área é a principal razão pela qual as pessoas cortam árvores. Além disso, os informadores-chave mencionaram que, nos últimos anos, grandes áreas, em especial a vegetação perto das margens do vale do rio *Harawa*, foram limpas para dar lugar a culturas agrícolas. Segundo eles, a conversão da floresta em terras agrícolas e a rápida expansão agrícola na zona ribeirinha são mais ameaçadoras.

CONCLUSÃO E RECOMENDAÇÕES

Conclusão

Os resultados do estudo indicaram que tanto a utilização de terras pastoris como agro-pastoris têm uma diversidade de espécies moderadamente elevada, isto é, das 80 espécies lenhosas de plantas recolhidas, 44 estão na utilização de terras pastoris e 36 na utilização de terras agro-pastoris. Estas estão distribuídas em 30 géneros e foram registadas 22 famílias. Entre as famílias registadas na área de estudo, *Fabaceae* foi considerada a família mais diversa representada com 22 espécies e constituindo 27,5% do total. *Burseraceae* foi a segunda família mais diversa representada com 16 espécies e constituindo 20% da composição de espécies das áreas de estudo. *Capparidaceae* e *Euphorbiaceae* foram as duas terceiras famílias mais diversas representadas, com quatro espécies cada, constituindo 12,5% da composição de espécies.

A vegetação natural de Awbare Wereda é geralmente rica em espécies e densidade de cobertura. No entanto, existem diferenças na cobertura vegetal entre os usos da terra agro-pastoris e pastoris. A utilização agro-pastoril que ocorre nas margens do vale do rio Harawa tem menor diversidade e densidade devido à limpeza em grande escala efectuada para abrir terras para cultivo.

As árvores e os arbustos na área de estudo têm mais do que uma utilização local, e tanto as comunidades pastoris como agropastoris dependem diretamente da vegetação natural para energia combustível, materiais de construção, vedações, casas tradicionais, forragem, medicamentos, ferramentas, utensílios e outros. A vegetação é muito importante para a produção de gado, que é a espinha dorsal da economia da comunidade. Desempenham também um papel significativo no combate à desertificação e na conservação da biodiversidade.

Os pastores da área de estudo utilizam várias estratégias adaptativas e flexíveis de gestão de riscos e mecanismos de reforço da resiliência para manter a segurança alimentar e dos meios de subsistência, mas estas estratégias estão a falhar face ao aumento das populações humanas e aos problemas de utilização dos solos. A pastorícia móvel é vital para a conservação, flexibilidade, ecossistema e saúde da vegetação natural. O sistema de produção pastoril exige um conhecimento pormenorizado do ambiente para uma utilização eficiente dos recursos, uma sensibilização para o clima e a sua variabilidade espacial e temporal, que se baseia na geração de observações e numa gestão adaptativa A recolha de lenha, o material de construção, a produção de carvão vegetal, o desbravamento de vegetação para fins agrícolas e a pressão do gado agravaram as forças de destruição da vegetação natural, levando à degradação e a constrangimentos relacionados com a gestão da vegetação natural. Uma vez danificado, a recuperação de um ecossistema tão frágil é quase impossível ou, pelo menos, muito dispendiosa. Por conseguinte, deve ser dada atenção à otimização da utilização e conservação dos recursos florestais.

A comunidade pastoril e agro-pastoril possui uma grande quantidade de conhecimentos tradicionais sobre o seu ambiente e a sua gestão. Mas estão a ser impedidos de utilizar esses conhecimentos de forma eficaz e os constrangimentos resultam do enfraquecimento das instituições consuetudinárias de tomada de decisões e de controlo dos recursos e da sua substituição por estruturas de poder alternativas que não dispõem de uma base de conhecimentos suficiente sobre o ambiente das pastagens.

Para ultrapassar a degradação da vegetação natural, deve haver um processo que permita às instituições locais e consuetudinárias utilizar da melhor forma os conhecimentos tradicionais e outros na gestão e utilização dos recursos. A conservação e a gestão sustentável das pastagens requerem a segurança dos direitos à terra e a compreensão das estratégias locais de produção pecuária e de gestão dos riscos. Os pastores têm sido frequentemente descritos como gestores sofisticados e dinâmicos da sua base de recursos naturais, e empregam estratégias elaboradas de utilização da terra para conservar espécies e habitats importantes. A integração dos conhecimentos e práticas locais na gestão dos recursos é, por conseguinte, vital para a gestão sustentável e a saúde do ecossistema da vegetação e dos ambientes naturais.

Recomendações

-1-As comunidades pastoris e agro-pastoris da zona onde as espécies lenhosas estão pouco desenvolvidas podem aprender muito com aquelas em que estão bem desenvolvidas e partilhar conhecimentos indígenas. Deveria ser promovida pelos serviços agrícolas com consciência ambiental e educação influente integrada.

-1- Uma vez que a forte pressão sobre a vegetação natural provém da recolha de lenha e de materiais de construção, devem ser introduzidas na área espécies polivalentes de crescimento rápido, especialmente nos terrenos agro-pastoris onde existe água de irrigação. Estas podem resolver o problema da lenha e dos materiais de construção e também servir de cintura de proteção para a vegetação natural contra o corte indiscriminado. Para além disso, as espécies de acácia podem ser geridas no âmbito da gestão de terras agroflorestais, porque são fixadoras de N e conservam o solo e fornecem aos agricultores lenha e dinheiro da goma, ao mesmo tempo que melhoram a fertilidade do solo para a produção de culturas.

-2- Os pastores e agro-pastores devem ser encorajados a estabelecer as suas próprias instituições locais que podem ser capacitadas para assumir a responsabilidade de gerir os recursos. Por conseguinte, tem de haver um "sistema de gestão baseado na comunidade", em vez de um sistema de proteção e gestão baseado na governação. Além disso, é necessário reforçar a capacidade das estratégias de sobrevivência indígenas para a gestão de crises e a preparação para a seca, tendo em conta as secas recorrentes, e garantir o acesso a pastagens e água para o gado na estação seca.

-3- As instituições indígenas devem ser consideradas parceiros-chave em todas as tentativas de intervenção, tais como desenvolvimento, mudança social, proteção ambiental, questões sociopolíticas, etc. É essencial ligar os sistemas formais e indígenas na identificação, execução, acompanhamento e avaliação dos projectos, definindo as tarefas específicas de cada um deles. A compreensão comum de todas as partes interessadas contribuiria para uma execução eficaz e sustentável dos projectos de desenvolvimento, no que diz respeito às zonas de pastagem sazonais, à diversidade e à mobilidade dos rebanhos. Além disso, é necessário capacitar estes sistemas de conhecimento autóctones para permitir e reconstruir a capacidade das comunidades locais para assumirem maiores responsabilidades na gestão dos recursos naturais e nas decisões relativas aos serviços básicos.

REFERÊNCIAS

Abeje Eshete, Demel Teketay e Hulten H. 2005. A importância sócio-económica e a Estado das populações de *Boswellia papyrifera* (Del.) Hochst no Norte da Etiópia: O caso da Zona Norte de Gondar. Forests Trees and Livelihoods, 15:55-74.

Adefires Worku. 2006. Estudo sobre a população e a importância socioeconómica de espécies lenhosas produtoras de goma e resina nas terras baixas de Borana, no sul da Etiópia. Tese de Mestrado. Universidade de Addis Abeba.66-73p.

Agarwal A e Anand. 1982. Ask the Women who do the work. New scientist, 4 de novembro, Londres.

Ahmed Bashir. 2003. Condição do solo e cobertura vegetal em pastagens afectadas pelo homem de Jig-jiga, S.R.S. Tese de Mestrado. Haramaya Uniniversity.42-81p.

Ahmed Mohamed Barkhadle. 1999. Biodiversity conservation and tourism potentialities of the Somali National Regional State, um documento apresentado no workshop de estratégia de conservação, 20-13 de julho de 1999, jig-jiga.

Ahmed MB e Zelealem M. 2008. Plano de utilização e ocupação do solo de Awbare e Harshin Weredas.

Arnold JEM e Perez MR. 2001. "Can NTFPs match tropical forest conservation and development objectives?", Ecological Economics, 39: 437-447.

Barkhadle, AMI., Onagaro, L. e Piganatti, S. 1994. Pastoralism and plant cover in the lower Shabelle Region, Southern Somalia. Landscape Ecology, Vol. 9, 79-88.

Bene JG, Beall HW e Cote A. 1977. Trees, Food and People: Land Management in the Tropics. IDRC. Ottawa.

Berthum, H e Charles IM. 1982. Forest menstruations stand density and stocking pp 328-334.

Brokensha D e Riley BW. 1978. Floresta, forragem, vedações e combustível numa área marginal do Quénia. Workshop sobre lenha do Gabinete de África da USAID, Washington, D.C.

Campbell JG e Bhattarai TN. 1983 People and Forests in Hill Nepal. Documento de Projeto No. 10. Projeto de Desenvolvimento da Silvicultura Comunitária HMG/PNUD/FAO, Nepal.

Chambers R. 1984. To the Hands of the Poor: Water, Trees and Land (Para as mãos dos pobres: água, árvores e terra). Documento de discussão nº 14. Fundação Ford. New Delhi.

Cook CC & Grut M. 1989. "Agroforestry in sub-sharan Africa: Farmer's perspective". Documento técnico nº 112, Banco Mundial, Washington.

Coppock DL. 1993. The Borana Plateau of southern Ethiopia: Síntese da investigação pastoral, desenvolvimento e mudança, 1980-91. ILCA, Addis Abeba, Etiópia.

CSA (Autoridade Estatística Central). 2007. Recenseamento da população e da habitação da Etiópia: Resultados para a região da Somália, Relatório Estatístico, Addis Abab.

Deneven, WM, Treacy JM, Alcron JB, Padoch C, Denslow J e Paitan, SF. 1984. Agroflorestação indígena na Amazónia peruana: Manejo de alqueive pelos índios Bora. Interciencia, 9 (6):346-357.

Douglas, J. 1981. Consumption and supply of wood and Bamboo in Bangladesh (Consumo e oferta de madeira e bambu no Bangladesh). FAO/PNUD/Comissão de Planeamento do Bangladeche, Dacca.

Edmundo, GC. 1997. O conhecimento indígena e sua aplicação na resolução de programas de conservação e utilização. In: Conservation, Management and Utilization of Plant Gums, Resins and Essential Oils (Eds.), Mugah, J.O., Chikamai, B.N., Mbiru, S.S. and Casadei) Proceedings of a Regional Conference for Africa Held in Nairobi, Kenya, 6 - 10 October 1997.

EFAP (Programa de Ação Florestal da Etiópia). 1994. Programa de Ação Florestal da Etiópia, Vol. (2). The challenge for development. Ministério do Desenvolvimento dos Recursos Naturais e da Proteção do Ambiente, Adis Abeba.

Unidade de Estudos Energéticos. 1981 Malawi Rural Energy Survey. Unidade de Energia, Ministério da Agricultura, Lilongwe, Malawi. Ethiopia: The Case of North Gondar Zone. Forests Trees and Livelihoods (Florestas, árvores e meios de subsistência).

ERA; 2003. Programa de desenvolvimento integrado Awbare Woreda (WIDP), Região da Somália.

Vol. I, Relatório Final, Pan African Consultants Plc & Afro-Consult and Trading Plc; Adis Abeba.

FAO (Organização das Nações Unidas para a Alimentação e a Agricultura). 1985a. The Contribution of Small-Scale Forestry Based Processing Enterprises to Rural Non-farm Employment and Income in Selected Developing countries.

FAO (Organização das Nações Unidas para a Alimentação e a Agricultura). 1985b. Documento sobre Conservação e Desenvolvimento Florestal. FO:MISC/85/4. Roma

Fortmann, L. 1984. The tree tenure fator in agroforestry with particular Reference to Africa. Agroforestry systems, 2:231-248.

Friis, I. 1992. Florestas e árvores florestais do nordeste da África tropical. Boletim Kew Série Adicional XV: 1-396.

A mare Getahun, Wilson GF e Kang BT. 1982. The Role of Trees in Farming systems in the Humid Tropics (O papel das árvores nos sistemas agrícolas nos trópicos húmidos). MacDonald press, Inglaterra.

Gingrich, SF. 1967. Measuring and evaluating stocking and stand density in upland hardwood forests in the central states. Forest Sci. 13:38-53.

Heluf, Gebre Kidan, Lisanework N, Jiregna G. e Mintewab B. 2000. Study of Natural Gum and Incense Resource in Three Zones of Somali National Regional State, Universidade de Alemaya, Etiópia

Harrington, NG. Wilson, AD. e Young, MD. 1984. Management of Australia's Rangelands. Melbourne, CSIRO, pp. 384.

Kent M e Coker P. 1994. Descrição e análise da vegetação. A Practical Approach. John Wiley & Sons Ltd. ISBN 0471948101, Inglaterra.

Kindeya G/Hiywot. 2003. Ecologia e Regeneração de *Boswellia papyrifera*, Floresta Seca de Tigray, Etiópia do Norte. Dissertação de doutoramento, Universidade Georg-August de Gottingen, Alemanha.

Kumlachew Yeshitla e Taye Bekele. 2004. The woody vegetation and structure of Masha anderacha forest, southeastern Ethiopia. *Ethiopian Journal of Biological Science*, 2: 31-48. Addis Abeba, Etiópia.

Kunstadter, P. Chapman, BC. e Sabhasri, S. (eds.).   1982 Farmers in the forest: Economia
desenvolvimento e agricultura marginal no norte da Tailândia. University Press of Hawaii, Honolulu, Hawaii.

Lamprecht, H. 1989. Silviculture in the Tropics. Tropical Forest Ecosystems and their Tree species - Possibilities and Methods for their Long-Term Utilization. Instituto de Silvicultura da Universidade de Gottingen. Cooperação Técnica - República Federal da Alemanha, Berlim. 296 pp.15; pp 55-74. A B Academic Publishers, Grã-Bretanha.

Leakey, LSB. 1977. The southern Kikuyu before 1902. Academic Press, Nova Iorque.

Ministério da Saúde. 1999. Indicadores de saúde e relacionados com a saúde. Addis Abeba, Etiópia

Pratt, DJ. Gwynne, MD. 1977. Rangeland Management and Ecology in East Africa. Hodder & Stoughton, pp. 310.

Peters, CM. 1996. The ecology and management of Non-timber forest resources.

Documento técnico 322 do Banco Mundial, Washington.

Poulsen, G. 1983. Using Farm Trees for Fuelwood (Utilização de árvores agrícolas para lenha). Unasylva, pp 35- 41.

Sayer, J. A., Harcourt, C. S. e Collins, N. M. (editores). 1992. The conservation atlas of tropical forests, Africa. Macmillan publishers, Grã-Bretanha.

SRPO (Serviço Regional de População da Somália). 2006. Relatório Anual, Jig-jiga, Etiópia.

Stewart, JL. e Salazar, R. 1992. Uma revisão das opções de medição para árvores de uso múltiplo. Agroforestry Systems 19: 173-183.

Tadesse Woldemariam. 2003. Vegetation of the Yayu forest SW Ethiopia: impacts of human use and implication for insitu consevation of wild coffee arebica L. populations. Ecology and Development series No. 10, 2003, Universidade de Bona.

Tareken Abebe e Mulugeta Lemenih. 1997. Projeto de Avaliação dos Recursos de Vegetação de Goma Natural e Incenso, Zona do Líbano, Estado Regional Nacional da Somália.

Taye Bekele, Getachew Berhan, Elias Taye, Matheos Ersado e Kumilachew. 2002 Estado de regeneração das florestas húmidas de montanha da Etiópia: Considerações sobre a conservação. *Walia no.22,pp 15-19.* Jornal da Sociedade Etíope de Vida Selvagem e História Natural.

Tefera Mengistu, Demel Teketay e Hullten H. 2004. The role of enclosures in the recovery of woody vegetation in degraded dryland hills of central and northern Ethiopia. Journal of Arid Environments 60:259-281.

PNUD/PRC. 1984. As áreas nómadas da Etiópia. Relatório de estudo, Parte II. Os recursos físicos da terra. Adis Abeba, Etiópia.

Von Kaufmann, R. 1986. An introduction to the sub-humid zone of West Africa and the ILCA sub-humid zone programme. In: *Livesock system research in Nigeria sub-humid zone.* Actas do segundo simpósio ILCN/NAPRI realizado em Kaduna, Nigéria, 29 de outubro a 2 de novembro de 1984. ILCA, Adis Abeba, Etiópia.

Weber, F. e Hoskins M. 1983. Agroforestry in the Sahel. Departamento de Sociologia. Instituto Politécnico e Universidade Estatal da Virgínia. Blacksburg, Virgínia.

Wiersum, KF. (ed.)   1981 Viewpoints on Agro-forestry. Departamento de Silvicultura, Agricultura
Universidade de Wageningen, Países Baixos.

Wilken, GC. 1978. Integração de sistemas florestais e agrícolas de pequena escala na América Central. Forest Ecology and management, 1(1):223-234.

Banco Mundial. 1992. Relatório sobre o desenvolvimento mundial 1992. Oxford: Oxford University Press. Uma panorâmica fiável do ambiente mundial, da pobreza e do desenvolvimento sustentável.

Zerihun Woldu. 1999. A floresta no tipo de vegetação da Etiópia e o seu estatuto no contexto geográfico. In: Edwards, S., Abebe Demissie, Taye Bekele e G. Haase (eds.). Procedimentos do seminário nacional de desenvolvimento da estratégia de conservação dos recursos genéticos florestais. 21-22 de junho de 1999. Addis Ababa, Etiópia. Pp. 1-38.

APÊNDICES

Apêndice 1: lista de árvores/arbustos e respectivas utilizações locais na zona de estudo

Não	Nome científico	Nome local	Utilizações locais					
			Madeira	Forragem	Alimentos	Goma e incenso	Medicinal	Outras utilizações
1.	*Commiphora boiviniana.*	Arxagow	x	x	x	x	x	
2.	*Acácia (Acacia mellifera)*	Bilcil		x	x	x	x	x
3.	*Hermania penniculata*	Balanbaal-cad		x	x	x	x	x
4.	*Ipomoea donaldsonii*	Biriboole		x	x	x	x	x
5.	*Calotropis procera*	Booc		x	x	x	x	x
6.	*Rhingozum somalense*	Binini-cas		x	x	x	x	x
7.	*Sericocomopsis pallida*	Balanbaal		x	x	x	x	x
8.	*Delonix bacall*	Bakaal		x	x	x	x	x
9.	*Prosopis juliflora*	Cali-garoob		x	x	x	x	x
10.	*Acácia senegal*	Cadaad					x	x

#	Scientific name	Somali name						
11	*Lawsonia inermis*	Cillaan		X	X			
12	*Salvodora persica*	Caday						
13	*Pupalia lappacea*	Dhigdhig			X	X	X	X
14	*Solanum incanum*	Ducur			X	X	X	X
15	*Commiphora africana*	Dabacun-cun			X	X	X	X
16	*Dichrostachys kirkii*	Dhigdaar			X	X	X	X
17	*Euphorbia cuneata*	Dhiraandhir			X	X	X	X
18	*Euphorbia robecchii*	Dharkayn			X	X	X	X
19	*Grewia tenax*	Dhafaruur			X	X	X	X
20	*Commiphora rostrota*	Eynaad						
21	*Acácia somalense*	Farayar	X	X	X	X	X	X
22	*Dobera glabra*	Garas	X	X	X	X	X	X
23	*Commiphora corrugata*	Gandad	X	X	X	X	X	X

No.	Scientific name	Local name						
24.	*Acácia edgeworthii*	Gumar	x	x	x	x	x	x
25.	*Commiphora gowlello*	Gowli;e	x	x	x	x	x	x
26.	*Acácia tortilis*	Galool	x	x	x	x	x	x
27.	*Ficus selicifolium*	Gonbir	x	x	x	x	x	x
28.	*Terminalia polycarpa*	Hareeri	x	x	x	x	x	x
29.	*Commiphora samharensis*	Horgooy	x	x	x	x	x	x
30.	*Grewia penicillata*	Hobhob	x	x	x	x	x	x
31.	*Commiphora hadi*	Hadi	x	x	x	x	x	x
32.	*Maerua sessiliflora*	Jiic	x	x	x	x	x	x
33.	*Acácia zanzibarrica*	Jiiq	x	x	x	x	x	x
34.	*Balanites aegyptiaca*	Kulan	x	x	x	x	x	x
35.	*Hibiscus micranthus*	Kabgal	x	x	x	x	x	x
36.	*Commiphora kua*	Kadi	x	x	x	x	x	x

37	*Anisotes trisulcus*	Mirdhis	X	X	X	X	X	X
38	*Cordia sinensis*	Madheedh	X	X	X	X	X	X
39	*Boswellia microphyla*	Muqle	X	X	X	X	X	X
40	*Boscia minimifolia*	Maygaag	X	X	X	X	X	X
41	*Boswellia neglecta*	Midhafur	X	X	X	X	X	X
42	*Grewia tembensis*	Midhayo	X	X	X	X	X	X
43	*Acácia hamulosa*	Masaar-jibis	X	X	X	X	X	X
44	*Gardenia fiorii*	Madmadaal	X	X	X	X	X	X
45	*Commiphora myrrha*	Malmal	X	X	X	X	X	X
46	*Adenium obesum*	Obow	X	X	X	X	X	X
47	*Euphorbia erlangeri*	Qaran- qarbo	X	X	X	X	X	X
48	*Maerua sessilifllora*	Qalaan-qal	X	X	X	X	X	X
49	*Acácia-bussei*	Qudhac	X	X	X	X	X	X

			X	X	X	X	X	X
50.	*Acácia reficiens*	Qansax	x	x	x	x	x	x
51.	*Commiphora sp*	Qarari	x	x	x	x	x	x
52.	*Albizia anthelmintica*	Raydab	x	x	x	x	x	x
53.	*Senna alexandrina*	Salamac	x	x	x	x	x	x
54.	*Acácia horrida*	Sarmaan	x	x	x	x	x	x
55.	*Ziziphus hamur*	Xamudh	x	x	x	x	x	x
56.	*Commiphora kataf*	Xagar	x	x	x	x	x	x
57.	*Gnidia somaliensis*	Xarmaale						

Apêndice 2: Diâmetro médio e desvio padrão das árvores/arbustos em cada local de estudo

Local de estudo	Diâmetro médio (cm) e desvio padrão					
	Q1	Q2	Qt3	Q4	Q5	Q6
Laylakaal	8.6+6.13	10.88+10.64	11.96+7.55	15.35+12.125	9.82+6.83	15.16 +12.45
Dhamal	13.25+11.36	26.61+21.48	36.30+ 20.13	15.96 +16.14	17.13+10.25	17.89+15.37

Carmo	14.53+34.95	17.5625+10.27	10.79+6.80	16.09+8.70	15+9.95	11.81+7.79
Horof	14.53+34.95	18.51+15.86	28.21+45.6	19.95+19.80	43.19+52.46	17.11+11.58
Lascanod	27.26+18.98	17.27+11.89	32.13+39.65	19.87+10.51	25.77+39.04	19.61+33.09
Gogti	27.61+7.62	20.37+7.71	33.35+5.38	29.94+3.44	42.15+3.340	24.68+2.39
Jirji	19.54+9.98	42.43+3.45	28.60+4.94	40.88+5.71	12.87+.49	15.04+5.64
Sh/Nabad-Galyo	11.39+.03	29.64+3.98	12.48+.25	16.53+2.91	22.23+5.49	13.04+.75

Apêndice 3: Altura média (m) das espécies de árvores/arbustos em cada local de estudo

Local de estudo	Altura média (m) e desvio padrão					
	Q1	Q2	Qt3	Q4	Q5	Q6
Laylakaal	1.42 +0.88	1.422+1.10	1.57+0.45	1.65 +0.68	1.36 +0.68	2.002 +1.22
Dhamal	1.84 +0.88	2.73+1.21	4.32+1.79	1.76 +0.96	2.12+0.89	2.37+1.01
Carmo	1.45+0.99	1.65+0.59	1.70+0.68	1.42+0.51	1.76+0.58	1.28+0.61

Horof	1.45+0.99	1.91+1.068	1.63+1.06	1.91+1.50	2.3+1.09	1.71+1.27
Lascanod	2.29+1.47	3.05+1.61	2.97+1.46	4.31+8.77	2.55+1.48	2.47+1.56
Gogti	3.00+1.70	1.751+1.30	2.77+1.27	2.97+1.23	3.41+1.68	2.09+1.35
Jitjir	1.83+0.74	2.78+1.56	2.18+1.58	1.98+1.25	1.58+0.48	1.48+0.71
Sh/Nabad-Galyo	1.56+0.78	2.85+2.18	1.48+0.97	1.91+1.27	2.27+1.32	1.33+0.91

Apêndice: 4 Contagem do número de espécies/parcela e do número de árvores/arbustos/parcela nos quadrantes das aldeias amostradas

Locais de estudo	Número de espécies /parcela							Número de árvores e arbustos / parcela						
	Q1	Q2	Q3	Q4	Q5	Q6	Average	Q1	Q2	Q3	Q4	Q5	Q6	M
Laylakaal	7	4	8	7	5	9	6.6	33	18	35	31	16	24	26.16
Dhamal	5	11	7	7	3	5	6.3	33	31	34	44	35	41	36.3
Carmo	4	4	4	4	6	3	4.16	27	45	40	51	40	24	37.8
Horof	9	7	7	6	5	5	6.5	29	27	36	12	23	22	24.8

Lascanod	9	9	7	8	9	8	8.33	27	45	40	51	40	24	37.8
Gogti	9	8	14	6	8	6	8.5	75	37	45	30	49	50	47.66
Jirjir	10	13	6	5	5	5	7.3	57	41	43	50	32	25	41.33
Sh/Nabad-galyo	6	5	5	5	6	6	5.5	39	44	45	34	40	31	38.8

Apêndice: 5 O nome científico e o nome local que incluem as alturas médias e os diâmetros médios de todas as espécies lenhosas encontradas no uso da terra pelos pastores

Não	Nome científico	Nome local	Altura média (m)	Diâmetro médio (cm)
1.	*Acácia-bussei*	Galool	4.9	150
2.	*Acácia (Acacia mellifera)*	Bilcil	2.9	24
3.	*Acácia reficiens*	Qansax	4.3	33.33
4.	*Acácia hórrida*	Sarmaan	4.7	20
5.	*Acácia do Senegal*	Cadaad	2.97	34.33
6.	*Acacia somalenses.*	Farayar	1.8	10.46
7.	*Acácia zanzibarica*	Jiiq	23.63	3.5
8.	*Adenium obesum*	Obow	3.77	135
9.	*Albizia anthelmintica*	Raydab	2.32	25.1

10.	*Anisotes trisulcus*	Mirdhis	1.32	7.72
11.	*Baswellia microphlla*	Madax-madaal	0.56	4.33
12.	*Boscia minimifolia*	Maygaag	1.31	11.44
13.	*Boswellia rivae*	Muqle	2.77	17.84
14.	*Boswellia neglecta*	Midhafur	2.56	26.6
15.	*Calotropis procera*	Booc	3.3	19.9
16.	*Senna alexandrina*	Salamac	4.9	27.72
17.	*Commiphora africana*	Dabacun-cun	3.8	66.6
18.	*Commiphora corrugata*	Ganda	2.14	11.4
19.	*Commiphora hodia*	Hadi	3.6	90.6
20.	*Commiphora kataf*	Xagar	0.82	4.77
21.	*Commiphora myrrha*	Malmal	2.25	16.5
22.	*Commiphora rostrota*	Eynaad	3.3	40.84
23.	*Commiphora samharensis*	Horgoy	2.12	16.85
24.	*Commiphora sp*	Qarari	2.84	27.29
25.	*Cordia sinensis*	Madheedh	2.98	10.8

26.	*Delonix bacal*	Bakal	2.12	19.6
27.	*Dichrostachys kirkii*	Dhigdaar	1.6	18
28.	*Dobera glabra*	Garas	3.14	25.7
29.	*Euphorbia cuneata*	Dhiraandhir	1.42	2.2
30.	*Euphorbia erlangeri*	Qaranqarbo	2.77	21.1
31.	*Euphorbia robecchii*	Dharkayn	3.8	16.57
32.	*Ficus salicifolia*	Gonbir	2.32	16.4
33.	*Gnidia somalensis*	Xarmaale	3.77	135
34.	*Grewia penicillata*	Hobhob	33.57	3.1
35.	*Grewia tembensis*	Meio termo	3.3	18.62
36.	*Grewia tenax*	Dhafaruur	1.3	27.5
37.	*Ipomoea donaldsonii*	Biriboole	2.23	34.25
38.	*Maerua angolensis*	Qalaanqal	7.21	46.65
39.	*Maerua sessiliflora*	Jiic	0.9	7.92
40.	*Salvadora persica*	Caday	1	10
41.	*Sericocomopsis pallida*	Balanbaal-cad	0.9	8

42.	*Solanum incanum*	Ducur	1.22	7.42
43.	*Terminalia polycarpa*	Hareeri	3.7	28.5
44.	*Ziziphus hamur*	Xamudh	4.7	12

Apêndice: 6 O nome científico, nome local que inclui alturas médias e diâmetros médios de todas as espécies lenhosas encontradas no uso da terra dos agro-pastoris.

Não	Nome científico	Nome local	Altura média (m)	Diâmetro médio (cm)
1.	*Acácia-bussei*	Galool	1.3	9.4
2.	*Acácia edgeworthii*	Gumar	1.5	7
3.	*Acácia horrida*	Sarmaan	2.32	25.1
4.	*Acácia (Acacia mellifera)*	Bilcil	2.1	10
5.	*Acácia horrida*	Qansax	1.72	16.1
6.	*Acácia do Senegal*	Cadaad	1.84	6.54
7.	*Acácia tortilis*	Qudhac	1.46	24.33
8.	*Acácia zanzibarrica*	Jiiq	1.54	12.18
9.	*Adenium obesum*	Obow	1.53	11.95
10.	*Anisotes trisulcus*	Mirdhis	1.82	8.85
11.	*Balanites aegyptiaca*	Kulan	1.48	11.28
12.	*Boscia minimifolia*	Maygaag	1.2	6.33
13.	*Boswellia neglecta*	Midhafur	3.05	21.5
14.	*Calotropis proceral*	Booc	2.4	2
15.	*Senna alexandrina*	Salamac	25.71	2.98

16.	*Commiphora corrugata*	Gandad	2.19	16
17.	*Commiphora gowlello*	Gowlile	1.77	18.91
18.	*Commiphora kua*	Kadi	1.05	6.6
19.	*Commiphora boiviniana*	Arxagoog	1.57	12.75
20.	*Commiphora myrrha*	Malmal	0.27	2
21.	*Cordia sinensis*	Madheedh	2.7	24.1
22.	*Crotalária laxa*	Xarmale	4	25.1
23.	*Euphorbia erlangeri*	Qaran- qarbo	2.44	24.08
24.	*Gardenia fiorii*	Madaxmadaal	0.88	5.37
25.	*Hermania penniculata*	Balanbaal	1.6	4.33
26.	*Hibiscus micranthus*	Kabgal	1.67	15.25
27.	*Ipomoea donaldsonii*	Biribole	1.52	17
28.	*Lawsonia inermis*	Cillaan	1.3	8.72
29.	*Maerua angolensis*	Qalaan-qal	3.42	38.07
30.	*Maerua sessiliflora*	Jiic	1.85	16.5
31.	*Prosopis juliflora*	Cali-garoob	17.74	1.57
32.	*Pupalia lappacea*	Dhigdhig	3.38	38.9
33.	*Rhigozum somalense*	Binini-cas	0.26	3.33
34.	*Salvodora persica*	Caday	1.8	6
35.	*Solanum incanum*	Ducur	1.7	5
36.	*Ziziphus hamur*	Xamar-gob	1.35	8.33

Apêndice: 7 Número médio de espécies/parcela, número médio de indivíduos por local e por hectare

Descrição	Agro-pastoris				Uso da terra pelos pastores			
	Laylakaal	Carmo	Horof	Dhamal	Sh/Nabad galyo	Gogti	Jirjir	Lasca - aceno
	Número de árvores/arbustos nas quadrículas de amostragem				Número de árvores/arbustos nas quadrículas de amostragem			
Quadrado 1	33	29	29	33	39	75	57	27
Quadrado 2	18	27	27	28	44	37	41	45
Quadrado 3	35	14	36	33	45	45	43	40
Quadrado 4	31	18	12	44	34	30	50	51
Quadrado 5	16	28	23	35	40	49	32	40
Quadrado 6	24	36	22	34	31	50	25	24
Total/local	157	152	149	207	233	286	248	227

Em cima de "Locais de estudo" abrange ambos grupos.

Média/local	26	25	25	35	37	49	33	34
Total /LU	665				994			
Média /LU	166				248			
D/site/ha	683	666	666	875	975	1200	1025	950
D/LU/ha	722				1037			

Legenda: LU = Utilização do solo

D = Densidade

Apêndice 8	Lista de espécies encontradas na área de estudo

Lista de espécies lenhosas encontradas no uso da terra pelos pastores

Não	Nome científico	Nome local (Somali)	Nome de família	Habitat
1.	*Acacia spirocarpa* Hochst.ex.A.Rich.	Farayar	Fabáceas	Árvore
2.	*Acacia bussei* Harms ex Sjostedt	Qudhac	Fabáceas	Árvore
3.	*Acacia mellifera* (Vahl) Benth.	Bilcil	Fabáceas	Árvore
4.	*Acacia reficiens* Wawra.	Qansax	Fabáceas	Árvore
5.	*Acacia horrida* (L.) Willd.	Sarmaan	Fabáceas	Árvore

6.	*Acacia senegal* L.	Cadaad	Fabáceas	Árvore
7.	*Acacia zanzibarica* (S.Moore) Taub.	Jiiq	Fabáceas	Árvore
8.	*Adenium obesum* (Forssk) Roem.&Schult	Obow	Apocináceas	Árvore
9.	*Albizia anthelmintica* (A.Rich.) Brogn.	Raydab	Fabáceas	Árvore
10.	*Anitotes trisulcus* (Forssk.) Nees	Mirdhis	Acantáceas	Arbusto
11.	*Boswellia microphlla* Chiov.	Madax-madaal	Burseraceae	Árvore
12.	*Boscia minimifolia* Chiov.	Maygaag	Capparidaceae	Árvore
13.	*Boswellia rivae* Chiov.	Muqle	Burseraceae	Árvore
14.	*Boswellia neglecta* S. Moore	Midhafur	Burserac eae	Árvore
15.	*Calotropisprocera* (Ait.) Ait. F	Booc	Asclepiadáceas	Arbusto
16.	*Senna alexandrina* Mill.	Salamac	Fabáceas	Arbusto
17.	*Commiphora africana* (A.Rich.) Engl.	Dabacun-cun	Burseraceae	Árvore
18.	*Commiphora corrugata* Gillett &Vollesen	Gandad	Burseraceae	Árvore
19.	*Commiphora hodai* Sprague.	Hadi	Burseraceae	Árvore
20.	*Commiphora kataf* (Forssk) Engl.	Xagar	Burseraceae	Árvore

21.	*Commiphora myrrha* (Nees) Engl.	Malmal	Burseraceae	Árvore
22.	*Commiphora rostrota* Engl.	Eynaad	Burseraceae	Árvore
23.	*Commiphora samharensis* Schweinf.	Horgooy	Burseraceae	Árvore
24.	*Commiphora sp.* Corradi.	Qarari	Burseraceae	Árvore
25.	*Cordia sinensis* Lam.	Madheedh	Boraginacceae	Árvore
26.	*Delonix bacalChiov* .	Bakal	Fabáceas	Árvore
27.	*Dichrostachys kirkii* Benth.	Dhigdaar	Fabáceas	Árvore
28.	*Dobera glabra* (Forrsk.) Poir.	Garas	Salvadoráceas	Árvore
29.	*Euphorbia cuneata* (Vahl)	Dhiraandhir	Euphorbiaceae	Árvore
30.	*Euphorbia erlangeri* Pax	Qaran-qarbo	Euphorbiaceae	Arbusto
31.	*Euphorbia robecchii* Pax	Dharkayn	Euphorbiaceae	Árvore
32.	*Ficus salicifolia* Vahl.	Gonbir	Moraceae	Árvore
33.	*Gnidia somalensis* (Franch) Gilg.	Xarmaale	Thymelaeaceae	Árvore
34.	*Grewia penicillata* Chiov.	Hobhob	Tiliaceae	Arbusto
35.	*Grewia tembensis* Fresen.	Meio termo	Tiliaceae	Arbusto

Nº	Nome científico	Nome local (Somali)	Nome de família	Habitat
36.	*Grewia tenax* (Forssk) Fiori.	Dhafaruur	Tiliaceae	Arbusto
37.	*Ipomoea donaldsonii* Rendle.	Biriboole	Convolvuláceas	Arbusto
38.	*Maerua angolensis* DC.	Qalaan-qal	Capparidaceae	Arbusto

Nº	Nome científico	Nome local (Somali)	Nome de família	Habitat
39.	*Maerua sessiliflora* Gilg	Jiic	Capparidaceae	Árvore
40.	*Salvodora persica* L.	Caday	Salvadoráceas	Árvore
41.	*Sericocomopsispallida* (S.Moore) Schinz	Balanbaal-cad	Amaranthaceae	Arbusto
42.	*Solanum incanum* L.	Ducur	Solonáceas	Arbusto
43.	*Terminalia polycarpa* Engl. & Diels	Hareeri	Combretáceas	Árvore
44.	*Ziziphus hamur* Engl.	Xamudh	Rhamnaceae	Árvore

Lista das espécies lenhosas encontradas		**em Agro-pastorícia Utilização das terras**		
Não	**Nome científico**	**Nome local (Somali)**	**Nome de família**	**Habitat**
1.	*Acacia bussei* Hams ex Sjo'sstedt	Qudhac	Fabáceas	Árvore

2.	*Acacia edgeworthii* T.Anders	Gumar	Fabáceas	Árvore
3.	*Acacia horrida* (L.) Willd.	Sarmaan	Fabáceas	Árvore
4.	*Acacia mellifera* (Vahl) Benth.	Bilcil	Fabáceas	Árvore
5.	*Acacia reficiens* Wawra.	Qansax	Fabáceas	Árvore
6.	*Acácia Senegal* L.	Cadaad	Fabáceas	Árvore
7.	*Acacia tortilis* (Forrsk) Hayne.	Qodhac	Fabáceas	Árvore
8.	*Acacia zanzibarica* S.Moore Taub	Jiiq	Fabáceas	Árvore
9.	*Adenium obesum*(Forssk) Roem&Schult	Obow	Apocináceas	Árvore
10.	*Anisotes trisulcus* (Forssk) Nees.	Mirdhis	Acantáceas	Arbusto
11.	*Balanites aegyptiaca* (L.) Del.	Kulan	Balanitaceae	Árvore
12.	*Boscia minimifolia* Chiov.	Maygaag	Capparidaceae	Árvore
13.	*Boswellia neglecta* S.Moore	Midhafur	Burseraceae	Árvore

14.	*Calotropis procera* (Ait.) Ait. F	Booc	Asclepiadáceas	Arbusto
15.	*Senna alexandrina* Mill.	Salamac	Fabáceas	Arbusto
16.	*Commiphora corrugata* Gillet&Vollesen	Gandaad	Burseraceae	Árvore
17.	*Commiphora gowlello* Sprague.	Gowliile	Burseraceae	Árvore
18.	*Commiphora kua* Vollesen	Kadi	Burseraceae	Árvore
19.	*Commiphora boiviniana* Engl.	Adhixagaw	Burseraceae	Árvore
20.	*Commiphora myrrha* (Nees) Engl.	Malmal	Burseraceae	Árvore
21.	*Cordia sinensis* Lam.	Madheedh	Boraginacceae	Arbusto
22.	*Crotlaria laxa* Franch.	Xarmale	Fabáceas	Árvore
23.	*Euphorbia erlangeri* Pax.	Qaran- qarbo	Euphorbiaceae	Árvore
24.	*Gardeniafiorii* Chiov.	Madaxmadaal	Rubiáceas	Árvore
25.	*Hermania penniculata* Franch.	Balanbaal	Sterculiaceae	Arbusto

26.	*Hibiscus micranthus* L.f.	Kabgal	Malvaceae	Arbusto
27.	*Ipomoea donaldsonii* Rendle.	Biriboole	Convolvuláceas	Arbusto
28.	*Lawsonia inermis* L.	Cillaan	Lyrthaceae	Arbusto
29.	*Maerua angolensis* DC.	Qalaan-qal	Capparidaceae	Arbusto
30.	*Maerua sessiliflora* Gilg.	Jiic	Capparidaceae	Árvore

31.	*Prosopis juliflora* (Sw) DC.	Cali-garoob	Fabáceas	Árvore
32.	*Pupalia lappacea* (L.) A.Juss.	Dhiigdhiig	Amaranthaceae	Arbusto
33.	*Rhigozum somalense* Hall.f.	Binini-cas	Bignoniaceae	Árvore
34.	*Salvodora persica* L.	Caday	Salvadoráceas	Árvore
35.	*Solanum incanum* L.	Ducur	Solonáceas	Arbusto
36.	*Ziziphus hamur* Engl.	Xamudh	Rhamnaceae	Árvore
Planta tradicional		**Medicina**		

Não	Nome científico	Nome local (Somali)	Nome de família	Habitat
1.	*Acacia bussei* Harms ex Sjostedt	Qudhac	Fabáceas	Árvore
2.	*Acacia horrida* (L.) Willd.	Sarmaan	Fabáceas	Árvore
3.	*Acacia mellifera* (Vahl) Benth.	Bilcina	Fabáceas	Árvore
4.	*Acacia reficiens* Wawra.	Qansax	Fabáceas	Árvore
5.	*Acácia Senegal* L.	Cadaad	Fabáceas	Árvore
6.	*Acacia seyalDel* .	Maraa	Fabáceas	Árvore
7.	*Acacia tortilis* (Forrsk.) Hayne.	Galool	Fabáceas	Árvore
8.	*Albizia anthelmintica* (A.Rich.) Brogn.	Raydab	Fabáceas	Árvore
9.	*Cissus aphylla* Chiov.		Vitaceae	Arbusto
10.	*Commihpora kua* Vollesen.	Kadi	Burseraceae	Árvore
11.	*Commiphora africana* (A.Rich) Engl.	Dabacun-cun	Buseraceae	Árvore
12.	*Commiphora baluensis* Engl.	Xager	Burseraceae	Árvore

Não	Nome científico	Nome local	Nome de família	Habitat
13.	*Commiphora kataf* (Forrsk.) Engl.	Xagar	Burseraceae	Árvore
14.	*Commiphora myrrha* (Nees) Engl.	Malmal	Burseraceae	Árvore
15.	*Euphorbia erlangeri* Pax.	Qaran-qarbo	Euphorbiaceae	Árvore
16.	*Euphorbia robecchii* Pax.	Dharkeyn	Euphorbiaceae	Árvore
17.	*Gnidia somalensis* (Franch) Gilg.	Xarmaale	Thymelaeaceae	Árvore
18.	*Grewia tembensisFresen* .	Meio termo	Tiliaceae	Arbusto
19.	*Grewia tenax* (Forrsk) Fiori.	Dhafaruur	Tiliaceae	Arbusto
20.	*Hibiscus aponneurus* Spranque&Hutch.	Calan guduud	Malvaceae	Arbusto
21.	*Indigofera schimperi* Jaub & Spach.	Aweer	Fabáceas	Arbusto
22.	*Lawsonia inermis* L.	Cilaan	Lyrthaceae	Arbusto
23.	*Maerua sessilifllora* Gilg	Jiic	Capparidaceae	Arbusto

Árvores e arbustos silvestres comestíveis

Não	Nome científico	Nome local	Nome de família	Habitat

1.	*Acacia bussei* Harm ex Sjostedt.	Qudhac	Fabáceas	Árvore
2.	*Acacia horrida* (L.) Willd.	Sarmaan	Fabáceas	Árvore
3.	*Acacia mellifera* (Vahl) Benth.	Bilcil	Fabáceas	Árvore
4.	*Acacia reficiens* Wawra.	Qansax	Fabáceas	Árvore

5.	*Acácia Senegal* L.	Cadaad	Fabáceas	Árvore
6.	*Acacia tortilis* (Forrsk.) Hayne.	Galool	Fabáceas	Árvore
7.	*Acacia zanzibarica* S.Moore Taub.	Jiiq	Fabáceas	Árvore
8.	*Anisotes trisulcus* (Forssk) Nees.	Mirdhis	Acantáceas	Arbusto
9.	*Balanites aegyptiaca* (L.) Del.	Kulan	Balanitaceae	Árvore
10.	*Boscia minimifolia* Chiov.	Maygaag	Capparidaceae	Árvore
11.	*Senna alexandrina* Mill.	Salamac	Fabáceas	Árvore
12.	*Commiphora sp.* Corradi.	Qarari	Burseraceae	Árvore
13.	*Cordia sinensis* Lam.	Madheedh	Burseraceae	Arbusto

14.	*Dobera glabra* (Forrsk) Poir.	Garas	Salvadranceae	Árvore
15.	*Ficus somalensis* Vahl.	Barde	Moráceas	Árvore
16.	*Grewia penicillata* Chiov.	Hobhob	Tiliaceae	Arbusto
17.	*Grewia tembensis* Fresen.	Midhayo	Burseraceae	Arbusto
18.	*Grewia tenax* Forrsk.	Dhafaruur	Tiliaceae	Arbusto
19	*Ipomoea donaldsonii* Rendle.	Biriboole	Convolvuláceas	Arbusto
20	*Maerua sessiliflora* Gilg	Jiic	Capparindáceas	Árvore
21	*Moringa longituba* Engl.	Mawe/mane	Moringaceae	Arbusto
22	*Salvodorapersica* L.	Caday	Salvadoraceae	Árvore
23	*Ziziphus hamur* Engl.	Xamudh	Rhamnaceae	Arbusto

Lista de espécies de árvores/arbustos de goma e incenso

Não	Nome científico	Nome local	Nome de família	Habitat
1.	*Acacia bussei* Harm ex Sjo'stedt.	Qudhac	Fabáceas	Árvore
2.	*Acacia edgeworthii* T.Andres	Gumar	Fabáceas	Árvore

3.	*Acacia hamulosa* Benth.	Masaar-jibis	Fabáceas	Árvore
4.	*Acacia horrida* (L.) Willd.	Sarmaan	Fabáceas	Árvore
5.	*Acacia mellifera* (Vahl) Benth.	Bilcil	Fabáceas	Árvore
6.	*Acacia reficiens* Wawra	Qansax	Fabáceas	Árvore
7.	*Acacia senegal* L.	Cadaad	Fabáceas	Árvore
8.	*Acacia spirocarpa* Hochst.ex.A.Rich.	Farayar	Fabáceas	Árvore
9.	*Acacia tortilis* (Forrsk) Hayne.	Galool	Fabáceas	Árvore
10.	*Acacia zanzibarrica* S.Moore	Jiiq	Fabáceas	Árvore
11.	*Boswelli.a microphyla* Chiov.	Muqle	Burseraceae	Árvore
12.	*Boswellia neglecta* S.Moore	Midhafur	Burseraceae	Árvore
13.	*Commiphora corrugata* Gillett &Vollesen	Gandaad	Burseraceae	Árvore
14.	*Commiphora gowlello* Sprague.	Gowliile	Burseraceae	Árvore
15.	*Commiphora hodai* Sprague.	Hadi	Burseraceae	Árvore
16.	*Commiphora kataf* (Forrsk) Engl.	Xagar	Burseraceae	Árvore

17.	*Commiphora boiviniana* Engl.	Arxagow	Burseraceae	Árvore
18.	*Commiphora myrrha* (Nees) Engl.	Mamífero	Burseraceae	Árvore
19.	*Commiphora rostrota* Engl.	Eynaad	Burseraceae	Árvore
20.	*Commiphora samharensis* Schweinf.	Horgooy	Burseraceae	Árvore
21.	*Commiphora sp.* Corrida.	Qarari	Burseraceae	árvore

Lista de espécies de árvores/arbustos venenosos

1	*Aloe megalancatha* (Baker)	Dacar	Aloaceae	Arbusto
2	*Espargos falcatus* L.	Adhixagaw	Burseraceae	Arbusto
3	*Commiphora boranensis* Vollesen.	Ilka caddeeye	Burseraceae	Árvore
4	*Commiphora erlangeriana* Engl.	Dhunkaal	Burseraceae	Árvore
5	*Commiphora myrrha* (Nees) Engl.	Malmal	Burseraceae	Árvore

6	*Commiphora sp.* Corrida	Bacarood libbax	Burseraceae	Árvore
7	*Datura innoxia* Mill.	Qubbo	Solanáceas	Arbusto
8	*Delonix elata* (L.) Gamble	Labi	Fabáceas	Árvore
9	*Euphorbia erlangeri* Pax	Qabayaro	Euphorbiaceae	Arbusto
10	*Euphorbia robecchii* Pax	Dharkeyn	Euphorbiaceae	Árvore
11	*Sesbania somalensis* Chiov.	Labi -yar	Fabáceas	Arbusto

Apêndice 9: Folha de recolha de dados para árvores e arbustos Diâmetro e altura na floresta
Kebele ____
Transecto n.o ____
Lote n.o ____

Não	Nome local (Somali)	Nome científico	Diâmetro (C)	Altura (H)	Habitat

Apêndice 10: Ficha de recolha de dados sobre árvores e arbustos e utilização

Não	Nome local(Som)	Nome científico	Habitat	Utilizações locais						
				Madeira	Forragem	Alimentação	Goma& Insência	medicinal	Outras utilizações

Apêndice III: Folha de recolha de dados para a recolha de pastilhas elásticas e de insectos

Não	Motivo da recolha	Método de recolha	Montante da recolha	Número de recolha

Apêndice 12: Ficha de recolha de dados sobre a utilização de plantas medicinais para seres humanos e animais vivos

Não	Local Nome	Nome botânico	Parte da utilização da planta	Doenças tratadas por plantas

				Anti-piolhos e picadas de cobra	Ferida na pele	Anti-dor	Antibiótico	Disenteria e dores de estômago	Vestuário de sangue

Apêndice 13: Questionário sobre práticas locais de gestão de árvores em Awbare woreda da zona de Jig-jiga na R.S.S.

1-Informações gerais

1-1. Número do questionário: _______________________________

1-2. Data: _______________________________

1-3. Idade: _______________________________

1-4. dimensão do agregado familiar: _______________________________

1-5. Nível de instrução do chefe do agregado familiar _______________________________

1-6.Distrito: _______________________________

1-7.Village: _______________________________

2-Famílias Questionador no bosque

2-1. Utilização do solo

2.1.1. Quais são os diferentes sistemas de utilização dos solos na sua aldeia?

(a) floresta _______________________________

(b) Terra nua_______________________________

(c) Terras de cultivo _______________________________

2.1.2- Produção vegetal

2.1.2.1. Cultiva a terra?

_______________________________ SimNão _______________________________

2.1.2.1.1. Em caso **afirmativo**, quais são os tipos de culturas praticadas na zona?

Não	Tipo de cultura	Área de cultura/unidade de terra	Rendimento obtido /hector	Venda %	Consumo doméstico%	Preço /kg	Utilização de entradas
1.							
2.							
3.							
4.							
5.							
6.							

2.1.2.2. Quais são os principais constrangimentos à produção e produtividade das culturas?

1- ____

2- ____

3 ____

4 ____

5 ____

2.1.3 Produção animal

2-1.3.1.Quais são os principais tipos de gado na zona?

Não	Espécies animais	Número de gado/doméstico	Que produtos ou serviços	Venda ou utilização doméstica	Preço/unida de
1.					
2.					
3.					
4.					
5.					
6.					
7.					
8.					
9.					
10					

2-1.3.2. Qual é a disponibilidade de alimentos para o gado na zona?

(a) Bom _______________________________

(b) Excelente _______________________________

(c) Muito bom _______________________________

(d) Pobres_______________________________

2.1.3.3. Quais são os principais condicionalismos da produção e comercialização de animais?

1 - ____

2 - ____

3 ____

4 ____

2-1.4 Dependência da floresta

2.1.4.1. Utiliza algum tipo de produtos arbóreos?

________________________ SimNão ________________________

2.1.4.1. 1. em caso afirmativo, indicar o tipo, a quantidade e o preço do produto?

Não	Nome da espécie na denominação local	Tipo de produto	Rendimento de uma árvore/ano			
			Unidade	Quantidade	Preço/unidade	Preço total
1.						

2.						
3.						
4.						
5.						
6.						
7.						
8.						
9.						
10.						

2.1.5.2. Quais são os principais condicionalismos da floresta?

1-____

2-____

3-____

2.1.6. Actividades fora da exploração

2.1.6.1. O agregado familiar recebeu algum outro rendimento?

_____________________ SimNão _________________

Em caso afirmativo, quais são esses rendimentos

(a) ____

(b) ____

(c) ____

2.1.5.3. Classifique os rendimentos obtidos a partir das seguintes fontes

(a) Pecuária _______________________________

(b) Produção vegetal _______________________________

(c) Incenso _______________________________

(d) Goma _______________________________

2.1.8. Abundância de árvores e arbustos na floresta

    Kabele _______________________________

    Transecto n.o _______________________________

Chave das espécies: A) _______________________ B) _______________

C) _______________________ D) _______________________

E) _______________________ F) _______________________

G) _______________________ H) _______________________

I) _______________________ J) _______________________

K) _______________________ L) _______________________

M) _______________________ N) _______________________

O) _______________________ P) _______________________

Q) _______________________ R) _______________________

S) _______________________ T) _______________________

U) _______________________ V) _______________________

Lote	Espécies																				
Não	A	B	C	D	E	F	G	H	I	J	K	L	M	N	O	P	Q	R	S	T	U	V
1.																						
2.																						
3.																						
4.																						
5.																						
6.																						
7.																						
8.																						

9.																							
10																							
11																							

4. Perguntas diretas sobre o conhecimento do agregado familiar

1. Qual é o papel das instituições indígenas locais que contribuem para o desenvolvimento socioeconómico da comunidade?
    a) tomada de decisões e execução
    b) flexibilidade e oportunismo
    c) resistir à pressão ambiental
    d) gestão dos riscos
2. Que tipo de regras, normas e costumes tradicionais regem os prados?
3. gestão?
    (a) Sistema Waber
    (b) Sistemas religiosos
    (c) Baixa habitual

   3.tem conhecimentos e práticas indígenas para proteger ou gerir a utilização da vegetação
    a. sim
    b. não

4) Se a resposta à questão Q for "sim", que tipo de prática de conhecimentos utilizou?
    c. Desbaste
    d. Talhadia
    e. Polinização

   5. conhecia os conhecimentos dos indígenas sobre as plantas silvestres comestíveis e a sua gestão?
    f. sim
    g. não

   6. Como é que a comunidade descreve e explica o conhecimento dos conhecimentos indígenas sobre as plantas venenosas?
   7. Explique como é que a comunidade utiliza as espécies lenhosas para utensílios?
   8. Como é que a comunidade conduziu e implementou a proteção dos baixos habituais para a gestão das terras de pastagem?
   9. Que tipo de forças destrutivas causadoras do esgotamento dos recursos vegetais da floresta são práticas da comunidade?
       o objetivo da produção vegetal
       o lenha
       o material de construção
   10. Quais são as principais causas do desaparecimento das florestas e das árvores na sua localidade?
    a. Expansão agrícola b. Corte de árvores para combustível
    c. Corte de árvores para madeira de construção
    d. Corte de árvores para alfaias agrícolas
    d. Queimadura descontrolada
    e. Baixo nível de sensibilização
    f. Outros
   11. Que tipo de sistemas de posse de terra a sua comunidade utiliza?
    a) comunal
    b) individual(privatização)
   12. A quem pertence ou a quem pertence o acesso aos bens comuns na zona/

a) pertencer igualmente
b) não pertencer igualmente
13. Qual é o fator fundamental que influencia o acordo dos pastores e dos agro-pastores?
   a) r/relacionamento entre clã, sub-clã, linhagem e famílias
   b) não baseado em etnia
14. Qual é a sua opinião sobre o cercamento das terras comunais como privatização?
   a) oposto
   b) não oposto
15. Quais são os papéis das instituições indígenas na sua comunidade?
   a) tomada de decisões e execução
   b) flexibilidade e oportunidades
   c) resistir à pressão ambiental
   d) gestão dos riscos
16. Que tipo de conhecimento do ecossistema utilizou como base para a gestão da vegetação
   a) qodaal
   b) deegaan
17. Desde quando é que praticam a gestão florestal local?
18. Que gestão local das árvores e arbustos na sua zona?
19. Quais são os conhecimentos e práticas indignos utilizados na sua aldeia para proteger a floresta?
20. Explicar a forma como as pessoas gerem a sua propriedade florestal?

____

____

____

____

21. Definir a forma como a comunidade local gere as árvores e os arbustos?
22. Como é que as comunidades protegem a floresta e gerem a área de criação de gado?

____

____

____

____

23. Descrever a gestão das árvores e arbustos no futuro próximo?
24. Para que fins se utilizam as plantas arbóreas e arbustivas?
   1) Produção de alimentos forrageiros ii) produção de lenha e/ou carvão vegetal
   111) Produção de goma e incenso iv) construção/cerca viva v) medicina
25. Conhece algum tipo de conhecimento do ecossistema que sirva de base para a gestão da vegetação?
   a) Simb   ) Não
26. Se a resposta à pergunta for "sim", defina as caraterísticas e elabore as suas funções de gestão?

____

____

____

I want morebooks!

Buy your books fast and straightforward online - at one of world's fastest growing online book stores! Environmentally sound due to Print-on-Demand technologies.

Buy your books online at
www.morebooks.shop

Compre os seus livros mais rápido e diretamente na internet, em uma das livrarias on-line com o maior crescimento no mundo! Produção que protege o meio ambiente através das tecnologias de impressão sob demanda.

Compre os seus livros on-line em
www.morebooks.shop

info@omniscriptum.com
www.omniscriptum.com

Printed by Books on Demand GmbH, Norderstedt / Germany